U0302790

复杂断块油气藏精细地质评价技术与应用

刘海涛　付晓飞　王有功　孙同文　孟令东　王海学　姜文亚　等　著

科学出版社

北京

内 容 简 介

复杂断块油气藏在断陷盆地储量增长与资源战略中占有十分重要的地位。本书详细介绍了复杂断块油气藏精细地质评价研究中需要重点关注的五个方面内容：断裂带成因机制及划分、断块圈闭时空有效性评价、输导体系量化表征、断层侧向封闭能力定量评价及断层垂向封闭能力定量评价，并以渤海湾盆地歧口凹陷为例，阐述了相关的研究思路与技术方法，建立了复杂断块圈闭完整性综合评价体系。

本书可供广大石油地质工作者或高等院校石油地质专业师生阅读参考。

图书在版编目(CIP)数据

复杂断块油气藏精细地质评价技术与应用/ 刘海涛等著. —北京：科学出版社，2023.11

ISBN 978-7-03-060628-0

Ⅰ. ①复… Ⅱ. ①刘… Ⅲ. ①复杂地层-断块油气藏-油藏评价
Ⅳ. ①P618.13

中国版本图书馆 CIP 数据核字(2019)第 034997 号

责任编辑：刘翠娜 李亚佩 / 责任校对：王萌萌
责任印制：师艳茹 / 封面设计：无极书装

科学出版社 出版

北京东黄城根北街 16 号
邮政编码：100717
http://www.sciencep.com

河北鑫玉鸿程印刷有限公司 印刷

科学出版社发行 各地新华书店经销

*

2023 年 11 月第 一 版 开本：787×1092 1/16
2023 年 11 月第一次印刷 印张：12 3/4
字数：300 000

定价：218.00 元

(如有印装质量问题，我社负责调换)

前　　言

我国裂谷盆地油气藏类型众多，其中复杂断块油气藏在储量增长与资源战略中占有重要地位。以渤海湾盆地为例，全盆地复杂断块油气藏探明储量占总探明储量的45%。

复杂断块是由多个断块构成、单个断块面积小于 $1.5km^2$ 的断裂构造带，构造破碎，断裂发育，形成的油气藏往往具有独立的油水系统。断层在复杂断块油气藏形成过程中发挥重要控制作用，具体表现为：主干边界断裂分段生长控制洼槽迁移，从而控制不同时期的有效烃源灶分布；断裂变换带为水系入盆的通道，具有"沟谷控源、变换带控砂"的特征；断裂变形及连接控制多种类型圈闭形成；断裂伴生的次级微构造改造储层；油气源断裂为油气垂向运移通道，聚集断裂封闭控制油气富集，成藏期后再活动的断裂将深层油气调整到浅层形成次生油气藏；断裂与盖层的耦合关系决定油气保存。前人针对复杂断块油气藏开展了许多卓有成效的工作，其中以断裂控盆、控砂、控储及控运为重点内容的断裂控藏理论以及立足新资料开展的复杂断裂带精雕细刻与整体解剖，均有效推动了渤海湾等断陷盆地的断块油气藏勘探。

随着勘探程度不断提高，复杂断块油气藏的勘探与研究仍旧面临一系列的技术难题，比如，基于断裂组合模式与变形性质建立的复杂断裂带精细单元划分方法尚需深入研究；断块圈闭形成受控于断层分段生长过程，如何正确恢复分段生长过程，厘定圈闭类型及形成时期；缺乏有效厘定油气源断层和调整断层的评价方法，难以明确活动断层对油气的调整程度；不同性质的断层、不同成岩阶段的断层封闭性差异尚未明确，断裂在盖层段顶部封闭能力评价需进一步完善；定量表征不同盖层岩石的脆性、脆-韧性与韧性阶段相应的技术手段需进一步完善；油气沿断层优势运移通道刻画是输导体系中尚未解决的核心问题。

针对复杂断块油气藏勘探面临的关键技术难题，中国石油天然气股份有限公司于"十三五"期间设立重大科技攻关课题，立足东部断陷盆地，通过攻关研究，在断裂带成因机制、断块圈闭有效性评价、复杂断块油气藏精细地质评价等方面创新地质认识与相关技术，为本书的撰写提供了丰富翔实的资料素材。本书在前人研究的基础上，深化复杂断裂带、构造带精细划分方案研究，针对不同类型断裂带建立断层封闭性评价参数体系及定量评价方法，基于圈闭成因类型、输导体系和运移路径、断层封闭性和盖层完整性研究，建立复杂断块油气藏精细地质评价流程和综合定量评价技术，形成复杂断裂带构造划分方案、断层分段生长过程定量表征及圈闭形成时期厘定技术、断层活动性定量表征及在油气成藏中的厘定技术、断层封闭性定量评价技术、断层封闭性定量评价软件系统、断裂在不同性质盖层内的变形机制及顶部封闭能力评价技术、复杂断块油气藏精细地质评价流程与评价体系等关键技术。希望通过创新形成的复杂断块油气藏核心技术与精细地质评价技术流程，可以为断陷盆地油气藏勘探部署起到重要的借鉴作用，有力保障我国老油区油气资源的不断发现与增储上产。

本书以渤海湾盆地歧口凹陷为例，详细阐述复杂断块油气藏精细地质评价关键技术原理、方法及应用，所涉及的研究工作历时 3 年，是中国石油勘探开发研究院、东北石油大学及中国石油天然气股份有限公司大港油田分公司三家单位集体智慧的结晶。全书共分六章，由刘海涛、付晓飞确定框架提纲和统稿。第一章阐述复杂断块油气藏的勘探现状与前景，由刘海涛、付晓飞、孟令东、吴小洲、崔文青、王海学、孙同文撰写；第二章为盆地形成演化历史及断裂构造特征，由孙永河、王海学撰写；第三章为复杂断裂带成因机制及类型，由王有功、刘海涛、刘世瑞撰写；第四章为复杂断块油气藏精细地质评价方法，由付晓飞、孟令东、王海学、孙同文撰写；第五章为歧南-埕北地区复杂构造油气藏地质评价，由刘海涛、姜文亚、孟令东、王海学、平贵东、于海涛、李永新、孙同文、赵长毅撰写；第六章为板桥地区复杂构造油气藏地质评价，由孙同文、姜文亚、刘海涛、孟令东、王海学、李永新、平贵东、张洪、姚丹撰写，全书图件由刘世瑞修改整理。

项目研究过程中得到了中国石油勘探开发研究院柳少波、王居峰，中国石油大港油田分公司蒲秀刚、李宏军、董雄英，中国石油辽河油田分公司刘兴周、杨光达，中国石油华北油田分公司谢佩宇、曹兰柱、韩春元、师玉雷、马学峰，中国石油冀东油田分公司孟令箭、王建伟、王琦，中国石油西北分院陈广坡、苏玉平等专家同仁的指导与帮助，在此一并表示感谢。

由于笔者水平有限，不足之处在所难免，敬请各位读者批评指正。

目　　录

第一章 概 论

复杂断块油气藏是我国东部断陷盆地发育的主要油气藏类型，数量多，储量与产量贡献大。如渤海湾盆地，黄骅、冀中、辽河、渤中及济阳等拗陷均发育多个复杂断裂带，这些断裂带既是各探区早期发现油气的主要地区，也是目前增储上产的主要贡献者，剩余资源依然十分丰富。随着石油地质理论的不断完善，断层及断块油气藏越来越受到地质学者的重视，相关理论成果也层出不穷，然而不同盆地(构造背景)的断块油气藏成藏机制与油气分布规律具有较大差异，相关评价技术也需要不断创新发展。

第一节 复杂断块油气藏及勘探前景

断块油气藏顾名思义就是指油气在断块圈闭中聚集形成的油气藏，但如何定量表征"复杂"二字，是正确认识与定位该油气领域的前提。在此基础上，立足渤海湾盆地北部，结合实例解剖，进一步明确该类油气藏的基本特征，明确油气勘探前景。

一、复杂断块油气藏定义及基本特征

复杂断块油气藏从定性上讲是指受多条断层切割后复杂化的断块圈闭所形成的油气藏。由于断陷盆地构造运动频繁、断裂发育，断块圈闭呈现单个断块面积小、多期叠加、构造幅度低、纵向上含油气层系多、横向上油气受断块局限、各断块往往自成油水系统的特点，导致了断陷盆地断裂带的复杂性。

为了定量描述断块油气藏的复杂性，综合考虑断层发育的密集程度、断距大小、主次断裂方向、不同时期的构造运动强度等因素，以及盆地油源充足、油层分布分散、油水关系复杂、平面上油气贫富差距悬殊等特点，将渤海湾盆地北部较为典型的复杂断裂带的 345 个断块分为古近系、新近系两个层系进行统计(图 1-1、图 1-2)，其中新近系断块 255 个，古近系断块 90 个。

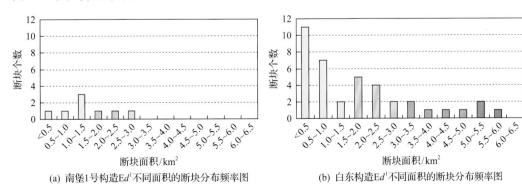

(a) 南堡1号构造 Ed^1 不同面积的断块分布频率图   (b) 白东构造 Ed^1 不同面积的断块分布频率图

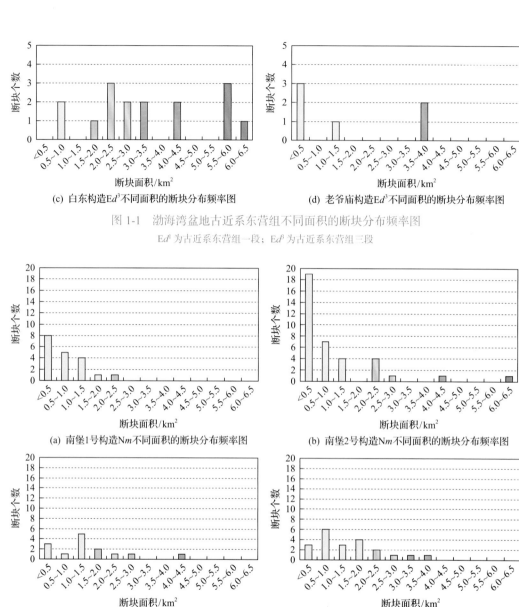

(c) 白东构造Ed³不同面积的断块分布频率图

(d) 老爷庙构造Ed³不同面积的断块分布频率图

图 1-1　渤海湾盆地古近系东营组不同面积的断块分布频率图

Ed¹ 为古近系东营组一段；Ed³ 为古近系东营组三段

(a) 南堡1号构造Nm不同面积的断块分布频率图

(b) 南堡2号构造Nm不同面积的断块分布频率图

(c) 南堡3号构造Nm不同面积的断块分布频率图

(d) 南堡4号构造Nm不同面积的断块分布频率图

(e) 南堡5号构造Nm不同面积的断块分布频率图

(f) 老爷庙构造Nm不同面积的断块分布频率图

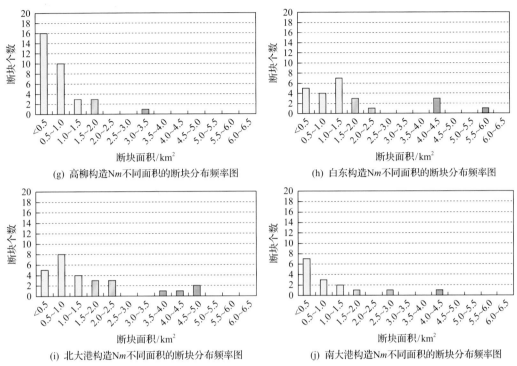

(g) 高柳构造Nm不同面积的断块分布频率图

(h) 白东构造Nm不同面积的断块分布频率图

(i) 北大港构造Nm不同面积的断块分布频率图

(j) 南大港构造Nm不同面积的断块分布频率图

图 1-2 渤海湾盆地新近系明化镇组不同面积的断块分布频率图

Nm 为新近系明化镇组

从统计结果可以看出，单个断块面积小于 1.5km² 的占主体(约占 70%)，同时在考虑目前技术条件下构造解释的多样性(很难把握复杂断裂带每个断块的层位闭合和断裂的合理组合)、储层预测的不确定性、油气水分布的复杂性(复杂断裂带油气水关系十分复杂，纵向上油、气、水互层)，将复杂断裂带定义为：在不同时期各种构造应力作用下形成的，由分布较为密集的多个断块构成、相互交叉切割，单个断块面积基本小于 1.5km²的断裂带，一般分布在二级构造隆起带。与复杂断裂带相关的油气藏为复杂断块油气藏。

二、复杂断块油气藏勘探现状及典型实例

(一)复杂断块油气藏勘探现状

以渤海湾盆地为例，从全盆地探明储量占比情况来看，复杂断块占 45%，岩性地层占 42%，潜山及其他占 13%，其中中石油探区复杂断块占 57%，岩性地层占 20%，潜山及其他占 23%；中海油探区复杂断块占 56%，岩性地层占 35%，潜山及其他占 9%。从中石油探区历年探明储量情况来看(图 1-3)，均凸显出复杂断块油气藏在渤海湾盆地储量增长中的重要地位。目前大部分复杂断裂带已进入滚动勘探开发阶段，部分地区基于新采集的地震资料开展了精细目标处理与解释，实现了效益增储。例如，孔店构造带，利用新资料理清了孔西断裂、风化店断裂组合，明确了 3 个地堑带，重新认识了油气分布，

实施了立体评价，优化了勘探部署，推动了老区储量增长。

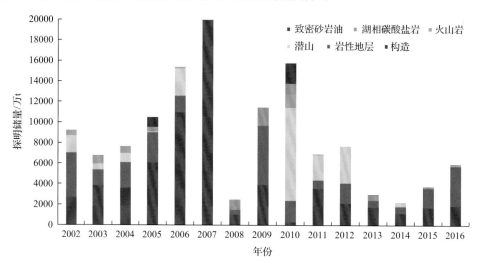

图 1-3 渤海湾盆地中石油探区历年探明储量直方图

(二)复杂断块油气藏典型实例

1. 岔河集油田

岔河集油田地处河北省雄县、霸州市境内，构造位于冀中拗陷霸县凹陷西部，其西起牛驼镇凸起的牛东大断裂，南北长 16km，东西宽 5km，构造面积 80km²。整体构造轮廓是被断层复杂化的呈北北东向展布的大型洼中隆背斜构造带。油田整体探明石油地质储量近 8000 万 t，是冀中拗陷岩性变化比较大的复杂断块油田。霸县洼槽是冀中拗陷剩余资源最大的洼槽，剩余资源量接近 2 亿 t，岔河集油田紧邻霸县洼槽，具备发现规模储量的资源基础。

岔河集断裂带为区域右旋扭动应力场作用下产生的构造形变，是由右旋扭动应力场产生的北东—南西向的扭张应力形成的北西走向的褶皱构造。该断裂带主要由牛东大断裂活动引起，并受牛东大断裂控制。在牛东大断裂的早期断陷过程中，岔河集地区不断向霸县凹陷内断陷，持续受到北西—南东向拉张、北东—南西向挤压共轭剪切应力作用，在北西—南东向拉张应力作用下，形成了平行于牛东大断裂的逆牵引背斜。自渐新世以来，由于受牛东大断裂及沉积不均一性作用，形成了以沙河街组为基础的沉积背斜。

由于岔河集断裂带的展布受到牛东大断裂以及由牛东大断裂派生的应力场形成的次级断裂的影响，在平面上形成"多"字形断裂组合。这种断裂组合把背斜切割成若干个断块、断鼻(图 1-4)，为油气的聚集准备了广阔的容纳空间；在剖面上为"y"字形或反"y"字形组合，这种断裂组合自翼部向核部变新呈扇形展布。构造轴部被多组系的断层切割破碎，形成多层系断块、断鼻、断背斜复式构造圈闭，为油气运移、聚集提供了充足的储集空间(图 1-5), 开辟了油气运移通道。

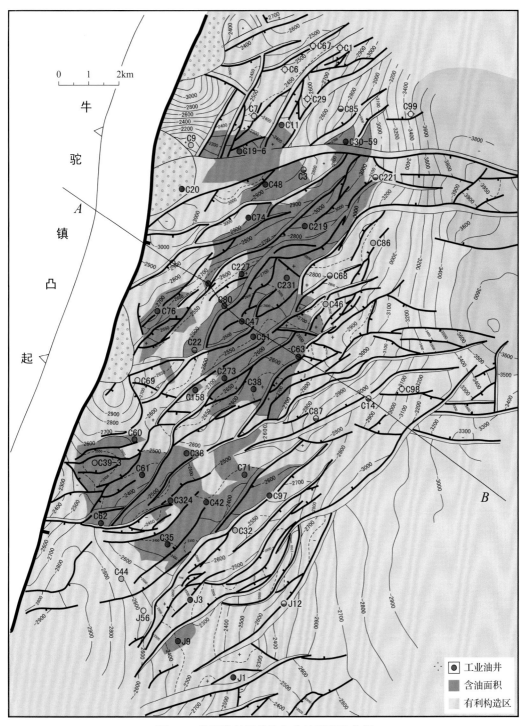

图 1-4 岔河集油田构造与含油面积叠合图

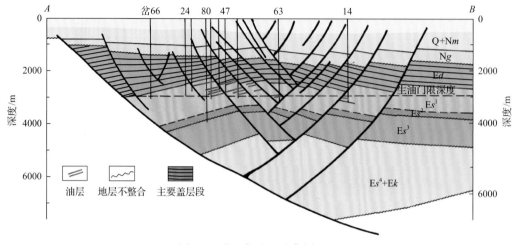

图 1-5　岔河集油田油藏剖面图

2. 港西油田

港西油田位于港西构造带的主体，是一个在港西凸起基底上发育起来的新近系油气藏，是被港西断裂复杂化的长轴背斜构造，构造东西长 11km，宽 3～5km，构造面积约 55km²。

港西构造带位于北大港潜山断裂带西段，是一个发育在港西和沙井子两断裂之间，由港西潜山长期隆起而发育的呈北东东向展布的披覆构造。港西构造带成因机制属于拱升构造，是在馆陶组沉积时期，以奥陶系灰岩的古隆起为基底开始发育的，由于基底上拱，盖层弯曲、断裂，而产生拱升背斜、拱升断鼻和断块等构造。它是长期发育的继承性构造，随着基岩块体的不断拱升，上覆盖层具有向构造顶部变薄、差异压实的特点。在明化镇组下段沉积后期至明化镇组上段沉积时期构造发育完整，背斜顶部的高点和断裂显示得也很明显，至明化镇组上段末期背斜构造基本定型。当隆起幅度较高时，遭受剥蚀而缺失古近系，只在构造两翼沉积有古近系的东营组及沙河街组。

港西构造带被夹持于歧口、板桥两大生油凹陷之间，是油气运移的重要指向，油源充足。主要有沙一段与沙三段两套烃源层，其中主力烃源层为沙三段。主要含油层系为新近系明化镇组下段油层(明下段Ⅰ、Ⅱ、Ⅲ)和馆陶组油层(馆Ⅰ、Ⅱ)，主力油层发育于明下段Ⅱ、Ⅲ油组，储层为河道砂沉积，东营组上段为良好的区域盖层，具有良好的储盖组合。油田构造主体部位由于断层的切割作用，形成了多种多样的圈闭类型，成为有利的含油气圈闭，主要有滚动背斜、地垒、断鼻、断块等圈闭类型。其油气层的分布主要受构造、断层、岩性等因素控制。但由于断层切割和砂体变化，具体到每一个局部构造又分为断块油气藏、背斜油气藏及岩性油气藏等类型。其中断块油气藏分布广泛，为该构造的主要油藏类型。

平面上，油气主要分布在港西、沙井子两大主干断层的两侧，尤其是长期继承性活动伴生的新近系逆牵引背斜与断鼻控制着浅层的油气分布与富集(图 1-6)；剖面上，港西构造带具有构造继承性发育特点，背斜核部发育的港西和沙井子断层作为主要的油源断层，与古近系的沙二段、沙三段主力烃源层直接相通，对油气向上运移起到良好的沟通作用，使得构造核部油气最富集。由于港西构造带的形成特点，众多的晚期活动断层成为沙河街组烃源岩在明下段排烃期的油气运移通道，油气藏多发育在浅层新近系(图 1-7)。

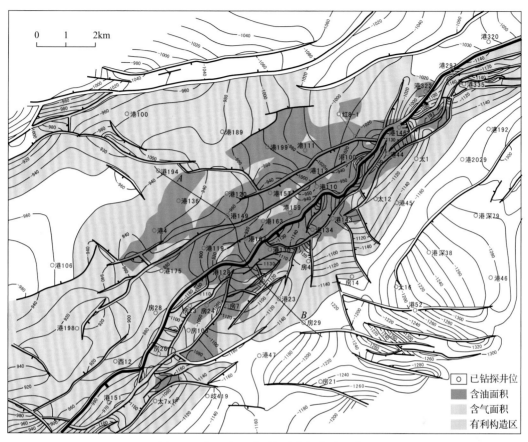

图 1-6 港西油田明下段油藏与构造叠合图

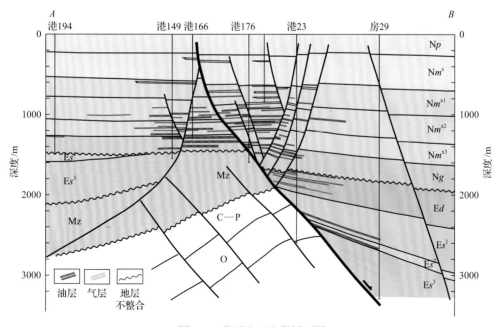

图 1-7 港西油田油藏剖面图

3. 南堡 1 号油田

南堡 1 号油田位于南堡凹陷西南部的沙垒田凸起北斜坡南堡 1 号构造带，有利勘探面积 225km²，主要含油层系为明化镇组、馆陶组、东营组一段及奥陶系潜山。

南堡 1 号构造带是在古斜坡背景上受南堡断层控制的，发育在奥陶系基底上的潜山披覆背斜构造带，该构造带是在走滑-伸展运动环境中，在南堡断层作用下产生的局部拉张力下形成的，并且受南堡断裂的影响和控制，具有早期伸展、晚期张扭的特点。该构造带形成于东营期，前古近纪表现为向西南抬升的区域斜坡构造背景上的断块山构造，被北东向和近东—西向断裂复杂化；古近纪为披覆在前古近纪潜山地层之上并受近北东向的南堡断裂和深层与其相交的次级断裂控制并切割，形成南堡断裂上升盘的断背斜构造和下降盘的断鼻构造，浅层被馆陶期形成的断裂切割，使得构造更加复杂。在断裂组合上，平面上北东东向或近东—西向的次级断裂与北东向的南堡主断裂多为锐角相交，形成具有共轭性质的断裂系统，可看似为羽状的断裂组合(图 1-8)。在剖面上表现为南堡主断裂与次级断裂相交呈"y"字形或复"y"字形的结构特征(图 1-9)。

南堡 1 号构造带邻近林雀次凹和曹妃甸次凹，距油源较近，主要发育东二段、东三段、沙一段、沙三段四套烃源岩，发育馆 II 段储层-明化镇组底部泥岩、东一段三角洲砂岩-馆 III 段玄武岩及奥陶系灰岩-沙河街组泥岩三套储盖组合，储盖组合条件十分优越。主要发育构造油气藏、地层超覆油气藏及潜山油气藏三种油气藏类型，具有多期成藏、晚期定型的特点。

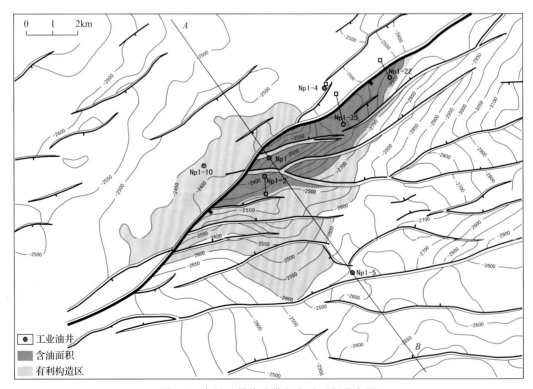

图 1-8　南堡 1 号构造带与含油面积叠合图

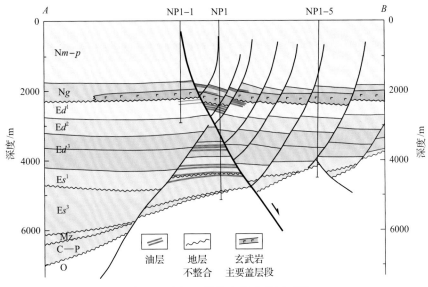

图 1-9　南堡 1 号构造带油藏剖面图

4. 榆科油田

榆科油田地处河北省深州市榆科镇，构造位置隶属于渤海湾盆地冀中拗陷深县凹陷的榆科构造带。南为孙虎断裂，北以旧城北断裂与刘村低凸起相邻，西邻深南背斜，东与饶阳凹陷相接，是夹持在孙虎断裂与旧城北断裂之间的一个下部隆起、顶部塌陷的复杂背斜。东西长约 12km，南北宽约 9km。该区至今已完成探井、评价井、开发井 80 余口，原油探明地质储量 500 余万吨，含油层位为 Ed^1、Ed^2 和 $Ed^3 I$、$Ed^3 II$ 及 $Ed^3 III$ 油组地层。

榆科背斜呈北东东向展布，是受孙虎断裂和旧城北断裂共同控制的古近系反"S"形挤压塌陷背斜。渐新世中晚期，两断裂活动加剧产生挤压作用形成榆科背斜，到渐新世末期，这种挤压作用达到高峰，使基底和整个古近系全部上拱成为背斜。由于榆科背斜正处于深县凹陷北西西向构造体系和饶阳凹陷北东向构造体系的转折部位，构造扭应力相对集中，北西西向和北东向断裂系统交叉发育，使构造破碎，断裂十分发育，尤其是在背斜的顶部。其断裂组合主要有反"y"形断裂和平行阶状断裂两种。其中反"y"形断裂主要发育在榆科背斜主断裂的下降盘，与纵切背斜顶部的榆科主断裂相交；平行阶状断裂主要发育在榆科背斜主断裂的上升盘，在剖面上与榆科主断裂平行，在平面上与榆科主断裂呈放射状相交。

沙三段及沙一段为该地区的两套主要生油层。发育馆陶组储盖组合、东营组储盖组合和沙一段-沙二段组合等三套储盖组合。由于沙一段、沙二段、东三段下部砂岩十分发育，可作为良好的运移通道，沙三段生油岩生成的油气从 4000m 以下的深度沿油源断层进入储层，然后主要顺着沙一段、东三段下部砂岩发育段向上倾方向运移和聚集，形成在高部位榆 7 井、榆斜 108 井断块油气富集，而在翼部的榆斜 20 断块油气贫乏，油气贫富相殊(图 1-10)。

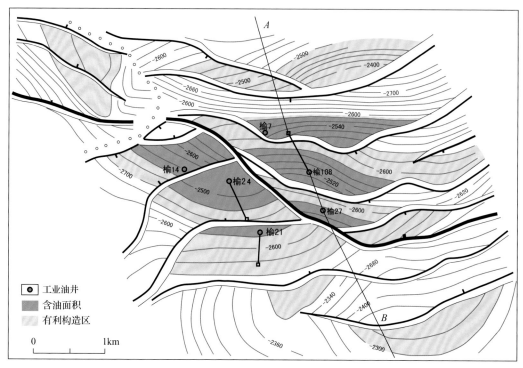

图 1-10 榆科油田东三段构造与含油面积叠合图

榆科背斜主要是在背斜的核部即构造高部位发育一系列正断层形成的中央塌陷区，形成封闭型断块圈闭，具"y"字形的断裂系统特征，主断裂具有较强的分割性，尤其是晚期断裂更为发育，为油气运移、聚集提供了充足的容纳空间，形成古近系、新近系背斜控制的小断块油藏(图 1-11)。油源断裂发育，油气运移畅通，不同的断块油气分布层段

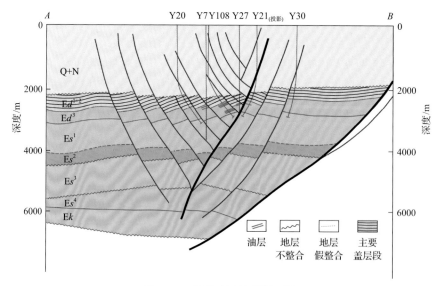

图 1-11 榆科油田油藏剖面图

$Es^1 \sim Es^4$ 为沙河街组一至四段；Ek 为孔店组

不同，油气主要分布在靠近榆科主断裂的构造高部位断块，形成沿断裂呈"牙刷"状聚集的小油藏。

通过以上几个典型实例可以看出，渤海湾盆地复杂断裂带多属于扭动断裂的成因机制，一般具有油源丰富、"y"字形断裂发育、断块破碎、油气分布复杂、晚期成藏(新近纪时期)、有良好的区域盖层、深切断裂作为良好的油源断裂与次生断裂构成复合输导体系、油气高效聚集成藏、断裂带翼部油气富集等共同特点。

三、复杂断块油气藏勘探潜力

以渤海湾盆地中石油探区为例，复杂断块油气藏剩余资源量为 11.6 亿 t(图 1-12)，占总剩余资源的 25.1%，勘探潜力依然大，资源战略地位十分重要。

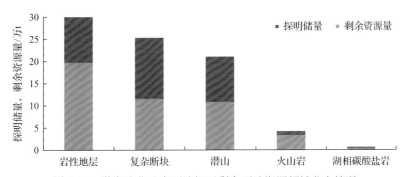

图 1-12　渤海湾盆地中石油探区剩余石油资源领域分布情况

尽管断陷盆地中大部分复杂断块油气藏已经进入滚动勘探开发阶段，然而近几年复杂断块油气藏的勘探也取得了一些新的发现。

一是走滑断裂带构造油气富集规律认识的深化推动大油田发现。立足复杂断裂带整体解剖与油气差异成藏认识，中海油创新提出了大型叠合走滑断裂形成机理及其控藏机制并建立了多种油气富集模式，创新提出了"湖盆咸化-地壳减薄-走滑改造"三因素联控的浅盆成烃新认识，拓展了叠合走滑带勘探新领域，如旅大 21-2、锦州 23-2、垦利 9-5/9-6 等多个大油田。

二是成熟探区通过构建断砂组合控藏新模式，实现效益增储与建产。如滨海断鼻，位于北大港油田主体区翼部，属于成熟区带，以往按照北东向展布的物源体系思路，在构造高点和岩性尖灭带找油，在高部位找到了高效区块，但中低部位多口井失利，勘探工作停滞 10 余年。近几年通过对北西向、北东向两个物源体系形成四个主砂体带的精细刻画，明确了主断裂和分支断裂都可作为油源断裂，提出了每一个断砂耦合带就是一个富油气带。对滨海断鼻实施集中勘探，多层系获高产，形成千万吨级高效增储建产区。

三是通过资料重新处理解释及成藏条件重新认识，实现老区挖潜。例如，冀中拗陷马西地区及黄骅拗陷港西-港中地区。马西地区 2006 年以后通过高精度三维连片采集、精细构造解释、砂体精细刻画及重新构造成藏模式，新获工业油流井 10 余口，新增储量近 9000 万 t。

第二节　复杂断块油气藏精细地质评价技术的现状与趋势

复杂断块油气藏精细地质评价技术的攻关是伴随石油地质理论的发展而逐渐被人们认识和认知的，主要包括断裂生长机制及演化历史、断层封闭性机理及定量评价、断裂活动规律与流体运移等方面。

一、研究历程概述

关于断块油气藏的认识及地质评价的演化发展历程，大致可以分为四个阶段。

第一阶段(1860 年以前)：油气勘探的萌芽阶段，主要围绕"油苗"找油，没有认识到在油苗区存在断裂。1854 年，弗朗西斯·布鲁尔医生买下了油苗所在的西巴德农场，成立了世界第一家石油公司——宾夕法尼亚石油公司，通过挖坑采集石油；后来西巴德农场落到公司股东之一的杰姆士·汤森手里，与合伙人于 1858 年成立了塞尼卡(Seneca)石油公司，尝试用顿钻钻井采集石油，第一口钻井的井深约为 21m，开始产量为 25bbl/d，随后降到了 15bbl/d，这口井被许多学者称为石油工业的开端。

第二阶段(1861～1930 年)：油气勘探由露头区转入覆盖区，背斜聚油理论指导了油气勘探，认识到断层在含油气盆地中普遍发育。加拿大地质调查局的 Hunt 注意到西安大略的石油生产与宽广的、适度的背斜有关。美国地质专家 Andrews 也发现弗吉尼亚州西部产油井与背斜有密切关系。White 对石油聚集的背斜理论进行了系统阐述。尽管在圈闭分类描述中考虑了断层，但钻井一般要避开断层。Clapp 曾描述到"我们的国家似乎被断裂肢解了"，表明人们对断裂在油气聚集成藏中的作用并没有清晰的概念。

第三阶段(1931～1990 年)：这一阶段为石油地质理论发展阶段，分类描述了圈闭，开始考虑断层在油气运移和聚集中的作用，建立了完整的断层封闭性"概念模型"，为断层封闭性研究的初级阶段。人们认识到断层是形成圈闭的重要因素之一，在圈闭分类中充分考虑了断层的重要性。认识到断层在油气成藏中的作用，1955 年美国石油地质学家协会年会《石油产出》的绪论中列举了 18 个问题，其中之一为"断层通常是充当运移的通道还是运移的遮挡物"。认识到断层封闭的重要性，建立了断层岩性对接的概念模型，将毛细管压力理论应用到断层封闭性研究中；确定了泥岩涂抹是断层封闭的重要因素之一；初步开展了有关断层岩组构和岩石物性方面的研究，对断层岩进行了系统分类，推广使用 "sealing fault" 和 "fault seal" 术语，并建立了完善的断层封闭机理概念模型，提供了断层封闭性分析的完善理论框架。认识到断层可作为油气运移的通道，并提出断层输导油气"地震泵"抽吸机制。指出断层输导与封闭油气作用交替出现，即为"断层阀"行为。在碳酸盐岩中断裂和裂缝由于压溶胶结作用具有"裂开-愈合"机理，导致流体沿断裂和裂缝具有"幕式"特征。

第四阶段(1991 年至今)：为石油地质理论和断层封闭性研究的快速发展阶段。断层在石油勘探、油藏管理和生产规划上不可忽视的重要性受到普遍认可，被断层分隔的储层越来越成为人们关注的经济勘探目标。三维高分辨率地震和测井技术能够有效识别断层。基于野外露头、岩心分析，对断裂带结构有了深刻的认识，确定了断裂带二分结构特征：断层核和破碎带。识别出多种类型的断层岩，确定了不同类型的断层岩形成地质条件，建立了断层岩相的概念，并确定了其封闭作用。

此阶段相关学者提出了评价断层封闭性的两种基础图件：断层封闭三角图和 Allan图解。在此基础上，建立了考虑多因素的断层封闭性评价方法，从定性逐渐转为定量，即建立了断层泥比率（shale gouge ratio, SGR）与封闭烃柱高度之间的定量关系，实现了断层封闭性定量评价。

二、断裂生长机制及演化历史

断裂生长源于裂缝的递进变形，断裂最大断距（d_{max}）和长度（L）在双对数坐标下呈现线性关系，其关系为 $d_{max}=cL^n$。n 的取值范围为 $1\sim2$。大多数断裂呈现出这种幂指数或者双对数坐标下的线性关系。断裂演化表现为多次滑动事件的累积，由地震事件引起的断裂断距增长一般不超过 10m，断距与长度的比值为 $10^{-5}\sim10^{-4}$，而地质上断裂断距与长度的比值为 $10^{-2}\sim10^{-1}$，表明断裂要经历 10^3 次滑动最终形成（图 1-13）。从 d_{max} 与 L 的关系看，断裂生长过程共有四种模型：一是稳定的 d_{max}/L 模型，伴随长度增加断距也在增大，但 d_{max}/L 保持不变；二是增加的 d_{max}/L 模型，伴随长度增加断距快速增大；三是稳定的长度模型，即断裂生长过程中，在早期阶段长度快速增长，然后长度保持不变，但断距快速增大；四是分段连接模型，即大断裂均由小断裂连接而成（图 1-14）。

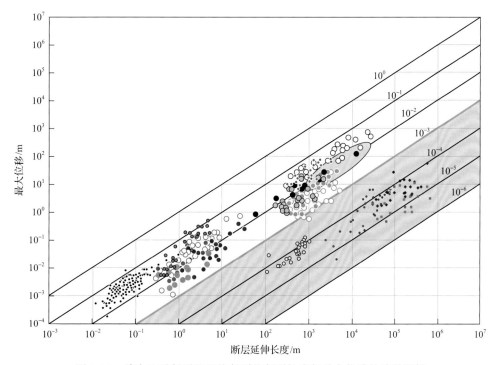

图 1-13　单次地震断裂和天然断裂的断裂长度与最大位移的关系图版

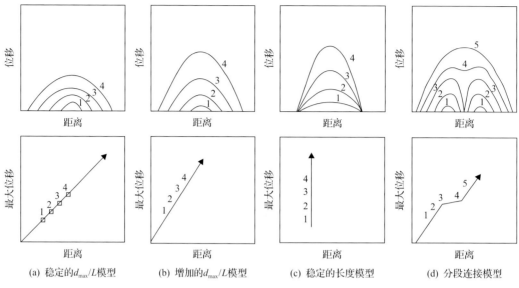

(a) 稳定的 d_{max}/L 模型　　(b) 增加的 d_{max}/L 模型　　(c) 稳定的长度模型　　(d) 分段连接模型

图 1-14　断裂的生长模式

1～5代表断层演化的不同阶段

(一)断裂分段性定量表征

裂陷盆地断裂分段生长具有普遍性,分段生长经历三个阶段:孤立成核阶段、"软连接"阶段和"硬连接"阶段(图 1-15),分段生长过程已经得到野外露头、砂箱物理模拟试验和地震资料解释的证实。断裂分段生长过程伴随着不同类型的构造转换带形成。首先是孤立阶段,相当于两条完整的孤立断裂,形成同向趋近型转换带;然后是"软连接"阶段,由于两条断裂开始相互作用,岩桥区应变集中,易于形成大量裂缝和交织的小断裂,伴随着同向叠覆型转换带的形成;最后是"硬连接"阶段,随着断距的累积,二者相互作用增强,导致横断层的形成,最终"硬连接"形成一条完整的大断裂,即形成传递断裂型转换带(图 1-15)。

表征断裂分段生长特征的有两个方面:一是断裂自身形态特征,孤立断裂的断层面断距等值线图整体呈椭圆形,中心断距最大,向四周断距逐渐减小,至端点处断距变为

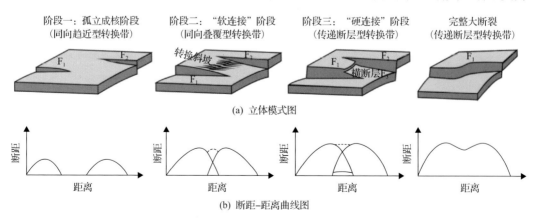

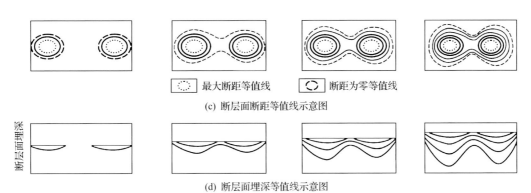

最大断距等值线 □ 断距为零等值线

(c) 断层面断距等值线示意图

断层面埋深

(d) 断层面埋深等值线示意图

图 1-15 断裂分段生长演化阶段及定量表征

F_1、F_2 代表断层段

零,位移-距离曲线呈现半椭圆形态[图 1-15(a)]。伴随两条孤立断裂叠覆,二者开始相互作用,形成转换斜坡,由于能量消耗在转换斜坡上,断层面断距增长缓慢,位移梯度明显增大,转换斜坡范围内断层总断距较小,位移-距离曲线为"两高一低"形态[图 1-15(b)],在断层面断距等值线图上出现明显"鞍部"[图 1-15(c)],在断层面埋深等值线图上为"隆起区"[图 1-15(d)]。从"硬连接"到完整大断裂形成曲线形态具有相似性。二是连接过程中地层构造形变证据,由于沿着断层走向的位移变化,在断裂上盘连接位置位移量小,形成背斜构造,称为横向褶皱,在平行断裂走向测线上表现明显(图 1-16)。因此,利用"两图(位移-距离曲线图、断层面断距等值线图)一线(平

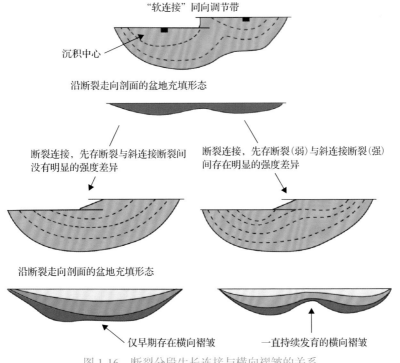

图 1-16 断裂分段生长连接与横向褶皱的关系

行于断裂走向地震剖面线)"方法可以有效表征断裂的分段性。

(二)断裂平面组合模式定量判别

断裂分段生长具有普遍性,由于地震分辨率限制,常见分段生长的两条断裂被解释成一条断裂的现象。为了有效降低断裂解释的不确定性,结合 Soliva 等的研究成果,提出了应用"转换位移(D)/离距(S)"定量厘定断裂生长阶段的方法——断裂分段生长定量判别标准。然而,不同断裂生长阶段转换位移和离距的确定具有一定差异。对于"软连接"侧列叠覆断裂,转换位移是指叠覆断裂段中心处两条断裂位移之和;离距是指叠覆断裂段中心处两断裂间的垂直距离[图 1-17(a)]。对于"硬连接"断层,转换位移是断裂 A 与消亡(abandoned)断裂 B 叠覆段中心处两条断裂位移之和;离距是指断裂 A 与消亡断裂 B 叠覆段中心处两条断裂的距离[图 1-17(b)];如果由于地震分辨率限制,消亡断裂 B 可能不发育,转换位移等于断裂走向突变段中部位移,离距等于近平行段断裂间的距离的一半(图 1-17)。

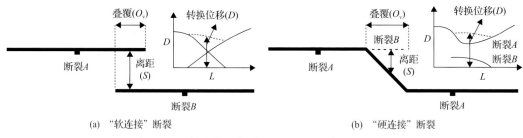

(a) "软连接"断裂 (b) "硬连接"断裂

图 1-17 "软连接"断裂和"硬连接"断裂相关术语

结合国内外已发表断裂相关数据,以松辽盆地三维地震数据为基础,统计断裂转换位移和离距数据,完善断裂分段生长定量判别标准。当 D/S 小于 0.27 时,断裂段处于侧列叠覆阶段——"软连接"阶段,两断裂相互作用,其间具有典型的转换斜坡特征;当 D/S 介于 0.27~1 时,处于开始破裂阶段——"软连接"阶段,断裂叠覆区开始发育次级断裂或彼此开始相互生长连接;当 D/S 大于 1 时,断裂处于完全破裂阶段——"硬连接"阶段,两断裂生长连接成一条规模较大的断裂(图 1-18)。

(三)断裂分段时期定量表征

断裂分段生长是一个动态过程,因此需要恢复不同地质历史时期古转换带的类型及分布规律。目前古断距恢复主要有两种方法:垂直断距相减法和最大断距相减法。垂直断距相减法是指沿断层延伸方向从下部层位断距减去其上部层位相对应测线位置的断距,该方法仅适用于"位移累积-长度固定"的断裂生长模式,具有一定的局限性。最大断距相减法是指沿断层延伸方向从下部层位断距分别减去上部层位各断层段相应的最大断距。

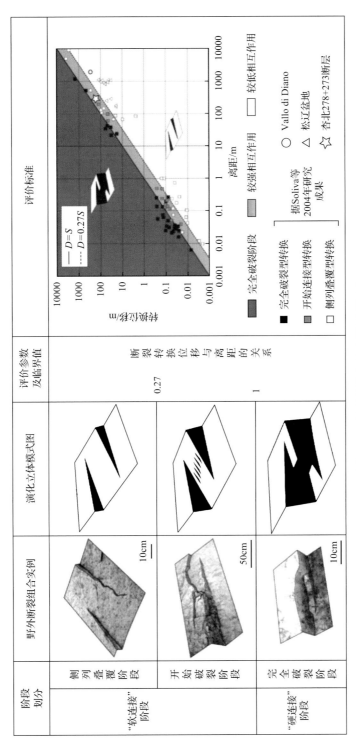

阶段划分	野外断裂组合实例	演化立体模式图	评价参数及临界界值	评价标准
"软连接"阶段 — 侧列叠覆阶段	10cm		断裂转换位移与离距的关系	
开始破裂阶段	50cm		0.27	
"硬连接"阶段 — 完全破裂阶段	10cm		1	

图1-18 断裂分段生长定量判别标准

三、断层封闭性机理及定量评价

(一)断裂变形机制及断层岩类型

断裂变形机制取决于围岩岩性、岩石力学特征、成岩程度和断裂变形时期,对于砂泥互层的碎屑岩,砂岩通常是脆性的,盐岩、膏泥岩和泥岩是塑性的,而固结的火山岩和碳酸盐岩有和砂岩相似的岩石力学特征。不同岩性、不同成岩程度的岩石在不同阶段的变形机制存在很大的差异,纯净的砂岩主要发生碎裂作用、碎裂流动和颗粒流动,颗粒流动主要发育在未固结和半固结的砂岩中,使颗粒沿着断裂错动的方向发生定向排列,形成解聚带(disaggregation zone),渗透率一般为 $1.0 \sim 1.0 \times 10^4 mD$[①],封闭性极差。当其间夹有泥岩和不纯净的砂岩时,可能发生泥岩和砂岩的混合,形成较为均匀的断裂填充物。当埋藏达到一定深度时即有效应力小于5MPa时,主要发生碎裂作用形成碎裂岩,颗粒尺寸减小程度较低,封闭性较差,渗透率一般为 $1.0 \times 10^{-3} \sim 1.0 \times 10^3 mD$。埋藏深度再增加,当有效应力大于10MPa时,颗粒尺寸由300μm减小到10μm,渗透率可降至1.0mD以下。特别是当变形发生在地温大于90℃条件下,石英压溶胶结,极大提高了碎裂岩的渗透率,一般为 $1.0 \times 10^{-4} \sim 1.0 \times 10^{-2} mD$。因此纯净砂岩中的断裂主要形成碎裂岩,在浅埋条件下封闭能力很差,在深埋条件下封闭能力很强。固结的碳酸盐岩和火山岩地层中断裂变形也多数形成断层角砾岩,断裂带本身不具有封闭能力。不纯净的砂岩(硅酸盐含量介于14%~40%)发生断裂变形,主要发生混合作用和层状硅酸盐涂抹作用,形成层状硅酸盐-框架断层岩,渗透率为 $1.0 \times 10^{-5} \sim 1.0 \times 10^1 mD$,具有较强的封闭能力,是陆相砂泥岩地层中发育的主要断层岩类型。富泥地层无论在浅埋条件下还是在深埋条件下,均发生泥岩/页岩涂抹作用,主要是由于砂岩和塑性泥岩存在强度差异,断裂在泥岩层段分段扩展,上下两条断裂将泥岩“拖入”断裂带,形成剪切型泥岩涂抹,这种现象得到了野外、物理模拟、钻井和地震的证实,泥岩涂抹渗透率为 $1.0 \times 10^{-8} \sim 1.0 \times 10^{-3} mD$,具有极强的封闭能力。从断层核中发育的断层岩类型看,纯净砂岩中的解聚带、浅埋的碎裂岩以及火山岩和碳酸盐岩中发育的断层角砾岩本身封闭能力很差,主要依靠对盘渗透性较差的地层封闭对盘的油气,因此油气主要富集在断裂的下盘,但后期的胶结作用明显能增强断层核的封闭能力,有两种情况:一是纯净砂岩中形成的碎裂岩深埋后(地温大于90℃),发生石英的压溶作用,渗透率提高1~3个数量级;二是后期热液、沥青等胶结作用形成的胶结型断层岩,封闭能力也很强,渗透率为 $1.0 \times 10^{-4} \sim 1.0 \times 10^{-1} mD$。而层状硅酸盐-框架断层岩和泥岩涂抹一旦形成,就具有较强的封闭能力,且随着埋深的增加,与围岩同时发生成岩作用,封闭能力逐渐增强。但如果断裂活动性质改变,特别是反转作用可能造成早期形成的断层岩产生裂缝,破坏封闭条件。

(二)断裂带物性结构特征

非孔隙性岩石中发生的断裂变形与低孔隙砂岩相似,在埋藏小于3km条件下,断裂

---

① 1D=0.986923×10⁻¹²m²。

变形开始主要发生破裂作用，产生大量的粒间裂缝和粒内裂缝，形成无内聚力的断层角砾岩和断层泥，一般来说，这种断裂带具有"膨胀"特征，随着裂缝形成和张开，渗透率明显增大(Fossen，2010)。随着裂缝越来越发育，当埋深超过 3km 时，沿着裂缝发生摩擦滑动并伴随破碎的颗粒滚动，即为碎裂作用，产生碎裂流，变形结果形成断层泥、有内聚力的断层角砾岩和碎裂岩，断层泥渗透率较低，而有内聚力的断层角砾岩带和碎裂岩渗透率同围岩比，有时较高，有时较低，变高和变低的控制因素目前不清楚。埋藏固结成岩后抬升阶段发生断裂变形，由于应力松弛和压力释放(Fossen，2010)，裂缝大量发育，断裂变形形成无内聚力的断层角砾岩和断层泥，形成高渗透断裂带。低-非孔隙性岩石变形受成岩阶段影响较小，岩石变形形成的微构造多为裂缝，按照力学性质分为张裂缝、剪裂缝和压溶缝。断裂带内裂缝展布规律符合里德尔剪切，将岩石切割破碎，形成断层角砾岩，最终演变成断层泥。

固结成岩的纯净砂岩中的断裂源于碎裂带形成和发展，开始形成单个碎裂带，由于应变硬化作用，碎裂带强度高于围压，进一步变形会形成簇状变形带，由于流体参与或者断层泥作用发生应变软化，进一步变形会形成滑动面并发育成断层。部分簇状变形带成为断裂破碎带的一部分，伴随着断裂活动，在破碎带中会新生一部分碎裂带。因此，断层核主要由碎裂带和滑动面组成，破碎带发育大量的碎裂带，随着距离断层核增加，碎裂带密度逐渐减小。

Antonellini 和 Aydin 系统测试了断裂带渗透率，认为断层核中垂直碎裂带方向的渗透率比围岩降低 2～3 个数量级，碎裂带的密度越大，渗透率降低的幅度越大，滑动面的渗透率比围岩降低 3～5 个数量级。平行碎裂带方向，断层核中碎裂带渗透率变化不大，但滑动面的渗透率比母岩高 1～2 个数量级。破碎带中垂直碎裂带方向的渗透率降低不到一个数量级，随着碎裂带密度增大，渗透率降低的幅度越大。这种结构的断裂带侧向有一定的封闭能力，封闭油柱高度不超过 20m，垂向为流体选择性运移的通道。

(三)断层封闭机理及评价

断层封闭性指断层与地层物性的各向异性相配合，形成能使油气聚集的新的物性和压力系统，因此断层封闭的本质是差异渗透能力(吕延防等，1996；Fisher and Knipe，2001)。

从引起差异渗透的因素来看，断层封闭可以划分为五个主要类型，每一种都与一套不同的过程和特性相关。

对接封闭(juxtaposion seal)：早在 1966 年，Smith 就从分析断层封闭性的本质入手，建立了断层两盘岩性对接封闭的理论模型(Smith，1966)，其基本含义为：目的盘岩层中的排替压力小于与之对置的另一盘岩层的排替压力时，断层封闭，所以陆相盆地目的盘砂岩层与对盘泥岩层对置，断层是封闭的。利用地震剖面根据钻井资料编制"点"的岩性对置剖面、Allan 图解和 Knipe 三角图是判断对接封闭最有效的图件。

泥岩涂抹封闭(clay smear seal)：Weber 等利用一种环形剪切实验装置来模拟断层泥

的形成，证实了在剪应力作用下塑性地层可以形成断层泥，对所产生的断层泥进行封闭性能测试，确认了断层泥可对流体起遮挡作用。在尼日利亚农河油田利用三维地震资料做过断层的切片，研究断层两盘地层的接触情况，并以此分析断层封闭性，确认了断层泥的存在确实可以阻挡油气穿过断层的侧向运移。之后 Jev 提出了泥岩涂抹的概念以及其对断层封闭的重要作用。泥岩涂抹是在断层活动过程中，由于巨大的构造应力和上覆岩层重量的作用，在断层两盘削截砂岩层形成的一个薄薄泥岩层，由于泥质颗粒侵入砂质颗粒中，而且发生了动力变质和重结晶作用，使断层成分均一化，物性明显降低，故有非常高的排替压力，对被涂抹砂层的油气起到侧向封堵作用。Lindsay 等通过野外露头观察认为泥岩涂抹主要有三种类型：研磨型、剪切型和注入型。影响泥岩涂抹发育的主要地质因素包括：剪切强度(shear strength)、含水量(water content)、应力条件(stress condition)、断移地层的泥岩层厚度和断距、泥岩与周围岩石的相对能干性(relative competence)、拉张型倾向中继带(releasing diprelays)或叠覆区(overlap)、断裂再活动(reactivation)。过去普遍认为泥岩剪切强度和含水量是泥岩涂抹形成的主要控制因素，其形成于同生断裂中，且埋藏深度不超过 50m，但在固结成岩的泥岩中断裂作用也发育泥岩涂抹，说明泥岩剪切强度和含水量并非泥岩涂抹形成的主控因素。泥岩与周围岩石的相对能干性确定的叠覆区是泥岩涂抹形成的主要原因。断距即断裂活动强度和断移地层的泥质含量影响泥岩涂抹的发育程度，断裂再活动决定泥岩涂抹的保存。

Lindsay 等根据实际资料的统计分析，提出了泥岩涂抹因素(shale smear factor，SSF)分析断层侧向封闭性判别方法，其 SSF 的计算公式为 SSF=断距/泥岩层厚度，SSF 主要用以表征泥岩涂抹层的连续程度。Lindsay 给出了断层封闭性作用的 SSF 范围(SSF 小于 4，涂抹层连续分布，断层侧向封闭)。受 Lindsay 的启发，1997 年 Fulljames 和 Lehner 改进了 Lindsay 的 SSF 计算公式，分别提出了 CSP(clay smear potential)和 SF(smear factor)，泥岩涂抹层连续性的描述方法及公式(CSP=$\sum$thickness^2/distance，SF=$\sum$thicknessn/distancem)。这些计算断裂带中泥岩涂抹的方法只考虑了泥岩层的发育数量，并没有考虑不同类型的砂岩中所含泥的比率，实际的断裂作用过程中，砂岩中的泥(硅酸盐)对断裂带中断层泥的贡献很大，为此 Yielding 在前人研究的基础上，提出了断层泥比率(SGR)及其计算公式：SGR=$\sum$断移地层总泥质含量$\times$100%/断距。Knipe 提出了有效断层泥比率(effective shale gouge ratio，ESGR)的概念，同一条断裂 ESGR 与 SGR 的值存在很大的差异，ESGR 能更准确地预测断裂带中断层泥含量和泥岩涂抹的程度。

碎裂岩封闭(cataclastic rock seal)形成于黏土含量低的纯砂岩中。这种封闭起因是破裂作用，颗粒摩擦滑动以及伴随有粒径减小孔隙的崩塌。如果破碎程度不足以产生高排替压力，能否封闭取决于石英次生加大的程度。在碎裂岩中，石英压溶胶结可能使碎裂岩产生比围岩更低的物性特征。这两个条件均不存在的碎裂岩，其封闭性是非常差的。碎裂岩发育的具体部位与断移地层的岩性和断距有关。Knipe 认为 ESGR 小于 14% 的对接窗口，断裂带主要发育碎裂岩。石英压溶胶结取决于变形的温度、压力条件，主要的控制因素还是温度，普遍的结论是石英压溶胶结的温度条件是＞80℃。因此根据地温梯度预测温度的变化可以判断碎裂岩的封闭能力。

层状硅酸盐-框架断层岩是一种重要的断层岩类型,是由具有一定层状硅酸盐含量的不纯砂岩变形而形成的。层状硅酸盐与框架石英的混合形成断层岩,这些断层岩在封闭分析中曾经被忽视。这些互相联结的微观泥质带可能具有与黏土封堵相似的特性,其封闭性是受变形层状硅酸盐的连续性和结构控制的,并不一定像泥岩涂抹那样要求厚而且塑性较强的黏土地层单元。Knipe 认为 ESGR 界于 14%~40%,断裂带主要发育层状硅酸盐-框架断层岩,其封闭能力需要通过实际测量的数据来判断。

胶结封闭(cemented seal)是指断裂带的封闭性受新矿物的沉淀所控制,这些封闭可被限定在变形造成的局部溶解和溶解物质再沉淀的近似地层单元中,或者与沿断层或接近断层的胶结扩张侵入有关。常见的胶结封闭有三种类型:①深部热液胶结封闭;②沥青封堵;③沉积物中来源胶结物胶结封闭。

四、断裂活动规律与流体运移

综合前人的研究,流体沿断裂运移的动力学机制主要有两种,一是构造应力和(或)超压作用下的幕式流动机制,二是浮力作用下的稳态流动机制。即断裂的演化是周期性的,具有间歇活动开启和封闭遮挡的特征。这从机理上合理解释了断裂既可以作为流体运移的通道,又可以作为流体运移的遮挡物。

断裂活动造成的应力释放是一个瞬间发生的过程,应力积蓄则是一个较长时间的过程,多期的活动期与间歇期构成了断裂整个发育与演化的历史过程。断裂的一次周期性幕式活动分为活动期和间歇期两个阶段。而事实上,断裂的活动期往往是暂时的,持续时间较短,而岩石破裂愈合则会持续一段时间,在活动期至间歇期的过渡阶段,仍旧有一定的流体运移,因此,在研究流体运移过程中,往往将断裂的周期性幕式演化过程分为三个阶段,分别是断裂活动期、活动-间歇过渡期和间歇期。

间歇性流动理论认为,在断裂活动期,断裂渗透率会增大,流体势会降低,沿断裂向上的流体运移是可能发生的,流体运移集中在断裂上,在断层面和围岩之间会出现流体势梯度,流体既可以沿断层面向上近垂向流动,又可以横穿断裂横向流动,流体在断裂中的垂向运移时间非常短暂,呈脉冲式快速运移;当断裂活动减弱进入间歇期时,断裂渗透率降低,硫化作用增加,热异常和盐度异常也将慢慢消失,当垂向运移的流体侧向排入两侧储层后,断裂内的流体压力会降低到围岩水平,断裂和裂缝系统封闭,阻止了储层中的流体向断裂回流,可作为流体向油藏流动的"单向阀"(one way valve)。

基于间歇性流体流动理论,通过断裂活动时期进行准确判定,断裂的主要活动期可以认为是流体运移的关键时期。目前对于生长断裂活动性分析的方法有很多种,主要有生长指数法、古落差法、断层活动速率法、断层位移-长度关系分析法、结合断层断距-埋深曲线和生长指数的综合判别法。不同的分析方法存在一定的适用条件,其中考虑时间因素的断层活动速率法和结合断层断距-埋深曲线和生长指数的综合判别法在实际应用中具有较好的效果。对渤海湾盆地渤中地区研究表明,强烈活动断裂(活动速率大于25m/Ma)主要起垂向输导作用。而渤海湾盆地新近系不同油气富集类型的凹陷主干油源断裂的新近纪活动速率对比表明,断裂活动强度控制了油气运移的规模,随着断裂活动强度增大，凹陷富集类型从不富集、较富集凹陷变化到高富集凹陷。然而，也有观点认为，断裂活动期间断层面也非是完全开启的，而是一些地方为张开，一些地方为封闭，不能完全由断裂活动性判断流体沿断裂的运移，而应通过评价断裂的启闭性确定流体沿断裂垂向运移的通道。张立宽综合考虑泥岩流体压力、断层面正压力和泥岩涂抹等参数，提出了定量评价断裂启闭性的断裂连通概率法，通过大港油田埕北断阶带的应用证实了其有效性。

此外，断裂末端、断裂交汇部位和叠覆区等一些特殊部位的断裂活动规律和流体运移特征往往不同于断裂其他部位，需要重点关注。数值模拟结果表明，活动断裂剪切和张破裂主要发生在断裂交汇部位和叠覆断裂末端，雁行式扩容发生在断裂末端，主扩容带发生在断裂叠覆区，而矿物的最大化学沉淀速率出现在断裂叠覆段的扩容区，也证实了这些特殊部位是流体流动速率较大的位置，与断裂其他部位相比是较有利的渗流通道。

五、研究存在的问题与趋势

随着石油地质理论的不断完善，复杂断块油气藏越来越受到地质学家的重视，其相关理论成果也层出不穷，然而不同盆地(构造背景)的断块油气藏成藏规律具有较大差异，其形成机制与成藏模式也迥然不同，表现在以下几个方面。

一是断块圈闭在裂陷盆地和前陆盆地普遍发育，但断块圈闭分类仅考虑了断裂组合形态，没有考虑断裂在油气成藏中的作用，不能有效指导断块油气藏分类，需要考虑多因素断块油气藏分类。

二是油气勘探最早源于"背斜聚油"理论(Hunt，1861)，之后美国石油地质学家莱复生提出了岩性油气藏概念，Clapp(1929)最早认识到断裂附近的油气藏，我国石油地质学家(贾承造、邹才能、庞雄奇)在20世纪90年代开始研究岩性油气藏特征及成藏机理，尽管我国在裂陷盆地和前陆盆地发现了大量的断块油气藏，但至今仍然没有系统研究断块油气藏的特征及成藏机理，极大制约了断块油气藏的深度勘探。

三是早在1955年美国石油地质学家协会年会《石油产出》的绪论中列举了18个问题，其中有"断裂通常是充当运移的通道还是运移的遮挡物"。我国地质学家和勘探学家认识到断裂在油气成藏中的重要作用，但至今在许多科研报告和文章中依然是"想封就封，想闭就闭"的粗略认识，如何定量认识断裂在油气成藏中的作用，需要提出合理的框架模型。

四是早在1979年Schowalter就提出了油气优势运移通道概念；Hindle建立了巴黎盆地油气优势运移通道预测模型，考虑了断裂在油气运移中的作用；Luo等提出了输导层的概念和断裂启闭系数，实现了"断-砂"输导体系量化表征。但油气沿断裂垂向优势运移通道除了在部分地区通过地震监测实现外，还缺少类似"断-砂"输导体系量化表征的有效手段。

五是断层封闭具有相对性，聚油具有"漏水桶原理"，紧靠几条剖面和统计有限参数不能准确评价断层封闭性，必须基于 Allan 图解寻找封闭"薄弱点"，才能正确寻找定量评价方法。

六是断块油气藏成藏主控因素关键在运移和保存耦合，这种耦合关系类型及定量表征方法还需深入探讨。

本书立足复杂断块油气藏，分析成藏机理及主控因素，建立一套不同类型断块油气藏的评价方法与技术，从而指导不同类型盆地、不同构造层系及构造带断块油气藏的勘探开发方案部署。

尽管认识到断裂控烃现象，但断裂控烃的本质和过程还缺乏系统研究，如何定量表征控烃过程还需要去刻画。具体存在以下六个方面的问题，这也是复杂断块油气藏地质评价技术未来攻关的主要趋势。

一是主干边界断裂控制断陷湖盆形成，但并不代表主干边界断裂、湖盆和烃源岩规模的一致性，断裂具有分段生长特征，一个时期的古断裂分布真正决定了湖盆的规模和烃源岩分布。因此，只有定量厘定断裂生长过程，才能准确刻画不同时期洼槽和烃源岩的分布，才能有效确定变换构造，刻画砂体展布。

二是从油藏解剖的结果可以认识到什么类型的断裂是油气垂向运移通道，但油气沿断裂运移依然存在优势通道，这种通道有别于构造形态和砂体共同决定的优势运移通道，差异在以下三方面：①动力差异，油气沿断裂垂向运移以压差驱动为主；②通道属性差异，一条规模较大的断裂需要上千次地震滑动才能形成，接近成熟后，频繁发震部位构成裂缝性优势通道；③运移效率差异，油气沿砂体运移通常是缓慢持续性的，而沿断裂运移是幕式快速的，因此找到频繁发震部位，就找到了优势通道，也找到油气藏。

三是任何一个盆地断裂都是复杂的，仅靠油藏解剖很难确定每条断裂的作用，将系统论观点应用到断裂研究中，建立断裂系统概念，每套断裂系统在油气成藏中的作用是相同的，有助于寻找相似的油气藏。

四是传统观念认为"活动期的断裂为油气运移的通道，静止期的断裂起遮挡作用"，然而研究发现，多条断裂同时活动时并非为油气运移通道，静止时也并非都起遮挡作用，即使同一条断裂，当其活动时并非处处起通道作用，静止时并非处处起遮挡作用，往往通道或遮挡仅在断裂的某些部位。究竟哪些部分起作用，起什么作用，这主要取决于断裂变形机制决定的断裂带内部结构，基于变形影响因素分析，认清断裂带结构，才能有效确定输导和封闭断裂。

五是影响断层封闭性的因素有很多，给断层封闭性定量评价带来了一定困难。影响因素主要包括母岩性质（岩性、物性、矿物成分、成岩阶段和厚度）、变形环境（温度、围压和深度）、断裂几何学（性质、断距、变化构造和次级破裂）和应力状态（应力和流体压力）。基于断层封闭类型，如何建立考虑多因素的断层封闭性评价方法，是实现断块圈闭风险性定量评价的有效手段。

六是断裂在不同成岩阶段的泥岩中变形机制不同，导致封闭与破坏的方式不同，评价的标准和方法也不同。油气穿越盖层垂向运移主要有三种途径：①圈闭内烃类浮压超过盖层最小排替压力，油气突破盖层发生运移；②当圈闭中烃类压力等于最小主应力与抗张强度之和时，盖层发生水力破裂，形成水力裂缝，造成烃类逸散；③断裂破坏盖层的完整性，断裂变形导致裂缝网络破坏盖层，造成油气垂向运移。在分析不同变形机制的基础上，探索不同成岩阶段断层封闭与开启的定量判别方法，对寻找次生油气藏具有重要的指导意义。

第二章　盆地形成演化历史及断裂构造特征

断裂的生长过程与盆地的形成及演化息息相关，立足盆地构造的几何学、动力学及运动学机制分析，开展盆地不同级次断裂的形成演化分析及断裂系统划分，是开展复杂断裂构造带精细划分的基础。

第一节　盆地形成演化过程与沉积洼槽形成演化

歧口凹陷位于渤海湾盆地黄骅拗陷中北部，是渤海湾盆地内最大的富油气凹陷之一，勘探面积5280km²，为古近纪以来形成的一个新生代裂陷盆地。在前古近纪基底构造基础上，歧口凹陷经历多期变形而呈现出现今的盆地结构。构造演化控制了凹陷范围内洼槽和复杂断裂带的形成。

一、盆地结构及展布规律

歧口凹陷被沧县隆起、埕宁隆起、沙垒田凸起所围陷，西以沧东断裂与沧县隆起相接，西南缘以沈青庄潜山-孔店凸起与沧东-南皮凹陷相望，向南超覆到埕宁隆起之上，向东以沙垒田凸起与渤中拗陷相隔，向北以汉沽断裂与燕山褶皱带相邻(图2-1)。沧东断裂整体呈北北东向延展，是控制歧口凹陷乃至黄骅拗陷的大规模断裂，其由北向南呈锯齿状并控制多个次级凹陷的边界，具有明显的分段特征。汉沽断裂为北西西走向的较大规模断裂，控制着歧口凹陷的北侧边界。除限定歧口凹陷范围的大规模断裂外，凹陷内部还发育多种走向的主干断裂，包括北北东向、北东向和北西西向，它们分别控制着不同次凹的形成及地层的沉积。与此同时还发育走向各异的次级断裂，它们响应不同时期的区域应力场而发育，不同程度地受到主干断裂的影响，对断裂变形起到变换、调节的作用。

受断裂控制作用，歧口凹陷由一个主凹及四个次凹组成，呈北断南超、半地堑式箕状断陷，其主沉降中心位于歧口海域。自始新世中期以来，歧口凹陷发育的新生代地层主要包括古近系沙河街组、东营组，新近系馆陶组、明化镇组，以及第四系平原组，新生界最大沉积厚度累计可达11000m。与渤海湾盆地其他凹陷相比，歧口凹陷结构复杂，斜坡区负向构造单元广泛发育，对凹陷内油气成藏与分布格局起着举足轻重的控制作用。

歧口凹陷现今联合剖面反映出各断裂的形态及断穿层位存在差异(图2-2)。沧东断裂作为歧口凹陷的边界断裂，由前古近纪基底向上断穿至新近系—第四系，断裂规模较大并呈现上陡下缓的铲状形态；沧东断裂上盘发育主要断穿沙三段至更浅层系的正向、反向调节断裂。歧口凹陷内部主干断裂(如滨海断裂、港东断裂、歧东断裂、南大港断裂等)也具有这种断穿新生界并呈铲状、近铲状的剖面形态。此外还发育主要断穿沙一段—东营组的断裂,它们的断面形态平直,断层数量较多但规模有限,排列较为密集,个别区域呈现簇状组合形态。主要断穿新近系—第四系的断裂,规模较小、断层数量多、断层面平直,往往在主干断裂附近呈簇状组合形态。

从歧口凹陷新生代地层厚度分布特征及各次凹在剖面上的分布与结构形态都可以看出,次凹主要发育在歧口凹陷的中部及北部(图 2-1、图 2-2)。西侧发育多个次凹并被不同潜山构造彼此分隔,而东部则以歧口主凹和北部北塘地区为主呈现出规模较大的广泛断陷-沉积形态。同时各主干断裂控沉积作用的强弱差异促使西部呈现出连续多个单断箕状断陷组合形态,而东部主要为对倾双断的复式地堑组合形态(图 2-2)。充填这些负向构造单元的各个层系具有不同的形态特征,这些地层结构差异可以反映出主干断裂的活动强度及控陷作用的强度差异。

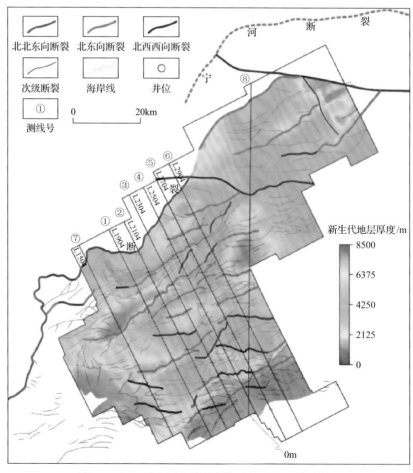

图 2-1 歧口凹陷新生界断裂体系纲要及地层厚度图

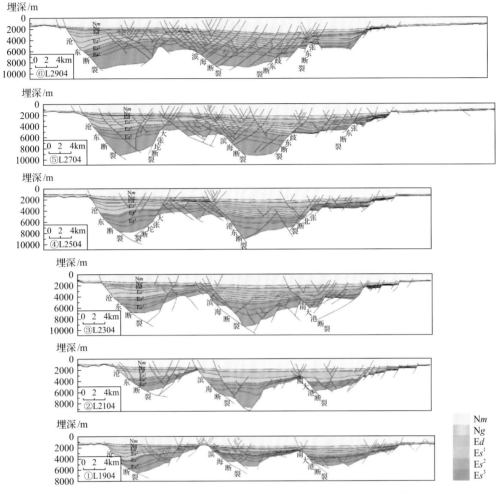

图 2-2　歧口凹陷现今联合剖面(剖面位置见图 2-1 中测线①~⑥)

　　沙三段是歧口凹陷新生界的最古老层系。在歧口凹陷西部，沙三段的主要沉降中心位于不同的次凹内，沉降中心之间由地垒或半地垒凸起分隔。就沉积形态而言，均表现为靠近控陷断层较厚，向南东向逐渐减薄并超覆的箕状半地堑结构(如图 2-2 剖面①)。在歧口凹陷东部，裂陷区域整体表现为一个统一的湖盆形态，沉积范围十分广泛，但仍受主干断裂的控制呈现非等厚沉积形态，往往靠近主干断裂一侧地层较厚(如图 2-2 剖面⑥)。无论是东部还是西部，总体上表现为明显的断陷结构，即凹陷至少一侧边界为受基底断裂限制的地堑、半地堑或复式地堑、半地堑构造，盆地内部也常常发生基底断裂的再活动，断裂活动所引起的断块升降运动对盆地的沉降-沉积作用具有显著影响。

　　沙二段沉积时期，先期主干断裂控制的断陷盆地发生继承性沉降，为沙二段的沉积提供了空间。沙二段分布范围较为局限，整体厚度较薄且厚度变化较为均匀，这说明主干断裂在沙二段沉积时期控沉积作用微弱。

沙一段的沉积形态仍主要表现为断陷结构。各个次凹内均受控陷断裂继承性活动的影响而发育箕状沉积或似箕状沉积。总体上沉降中心位置基本位于主控陷断裂上盘中靠近断面处，主干断裂活动虽不如早期强烈，但对沉积厚度和沉积相分布的影响仍不容忽视。

东营组的沉积形态相比之前的地层有所不同，其整体厚度较大，同一次凹内厚度变化较为均匀。主干断裂对沉积的控制作用较弱，基本不表现同生性，同时沉降中心的位置不再完全受控于主干断裂。这说明断裂活动引起的沉降与区域拗陷作用引起的沉降所占的比例基本相当，促使各次凹内形成一个相对稳定、统一的沉降中心，实现盆地结构由断陷结构向拗陷结构转化。

馆陶组和明化镇组的沉积形态整体较为平缓，其中馆陶组相对明化镇组地层较薄。区域性拗陷沉降使得盆地内部的断块差异升降运动基本停止，形成中心厚、边缘薄的大型碟状拗陷盆地结构。

总之，歧口凹陷范围内主要的负向构造单元集中于中北部，但组合形态在东西部存在差异。主干断裂断穿层位不尽相同，且它们的控沉积作用在整个凹陷发育期间强弱交替变化，地层的结构特征也因此不尽相同，体现出"断陷-断拗转化-拗陷结构"的盆地构造-沉降演化序列。

二、构造变形期次及演化阶段划分

如前所述，歧口凹陷在形成演化过程中，主干断裂的活动决定着盆地结构及展布规律。对主干断裂的活动期次进行厘定，便可以划分构造演化阶段，进而恢复构造演化过程。

(一)主干断裂活动期次

断裂活动期次可以利用构造层序界面、断距-埋深曲线、生长指数及断裂活动速率等方面的研究加以厘定。虽然各研究方法均能反映断裂活动时期及强弱，但受地层是否发育齐全等因素的影响，各种方法均存在片面性，因此需要联合使用这些方法才能准确标定断裂形成和活动时期。

1. 构造层序界面

地层层序中往往存在许多间断面，它们能够反映区域地壳运动、水动力条件变化等一系列情况。通常我们把空间分布广、能够划分构造演化阶段的区域不整合面或平行不整合面称为一级构造层序界面。一级构造层序界面代表着"沉积盆地-隆起褶皱变形-风化剥蚀夷平-再次接受沉积"地质过程的综合结果，代表着构造演化过程中"质变"过程及应力场条件的重大改变。

歧口凹陷发育 T6、T4 和 T2 三个一级构造层序界面(图 2-3)。T6 界面是歧口凹陷的基底顶面，T6 反射层以下为前古近纪层序，反射层之上的新生界层序由洼槽向隆起，表现出局部下超或上超的特征。T4 界面是古近系始新统与渐新统的分界面，T4 反射层作为沙一段底界面，与下伏反射波组呈平行不整合接触，不整合面之下大面积缺失沙二段。T2 界面是古近系与新近系的分界面，T2 反射层作为馆陶组底界面，反射层之下表现出明显的削截，是区域性不整合面。T4 和 T2 这两套不整合面在歧口凹陷普遍存在，记载着两次区域构造变形时期。

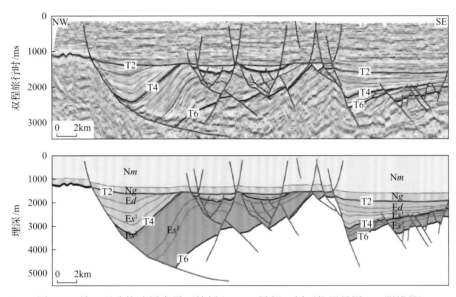

图 2-3 歧口凹陷构造层序界面特征(L1504 局部，剖面位置见图 2-1 测线⑦)

2. 生长指数

生长指数可以判断断裂活动的主要时期及活动的强弱。断层生长指数的概念自 1963 年 Thorsen 提出以来，在国内外生长断裂的研究中得到了广泛应用，其定义为上盘厚度与下盘厚度之比，即断层生长指数=上盘厚度/下盘厚度。对于正断层，当生长指数为 1 时，说明断裂两盘厚度相等，断裂在该时期不活动；当生长指数大于 1 时，断裂在该时期活动，且生长指数越大，断裂活动越强烈。

以歧口凹陷西部北西—南东向剖面所显示的主干断裂为例，探讨生长指数变化规律(图 2-4)。大张坨断裂(①号断裂)在沙三段及沙一段—东营组沉积时期生长指数大于 1 且值较高，这说明大张坨断裂在以上两个时期强烈活动；而其他时期生长指数更接近 1 甚至近似为 1，表明对应时期断裂活动强度弱甚至基本不活动。港东断裂、张东断裂(②、④号断裂)在沙三段和沙一段—东营组乃至明化镇组沉积时期生长指数均较高，其中沙一段—东营组沉积时期生长指数最高，沙三段和明化镇组沉积时期次之，这说明港东断裂在沙一段—东营组沉积时期活动最强烈，沙三段及明化镇组沉积时期断裂活动强度次之。张北断裂(③号断裂)在沙一段沉积时期生长指数最大，说明该时期为断裂强活动时期，沙三段沉积时期生长指数规律显示出该时期也存在断裂活动特征，但弱于沙一段沉积时期。赵北断裂(⑤号断裂)生长指数在沙三段、沙一段和东营组沉积时期呈现出高值，表明该断裂在对应时期的强烈活动。

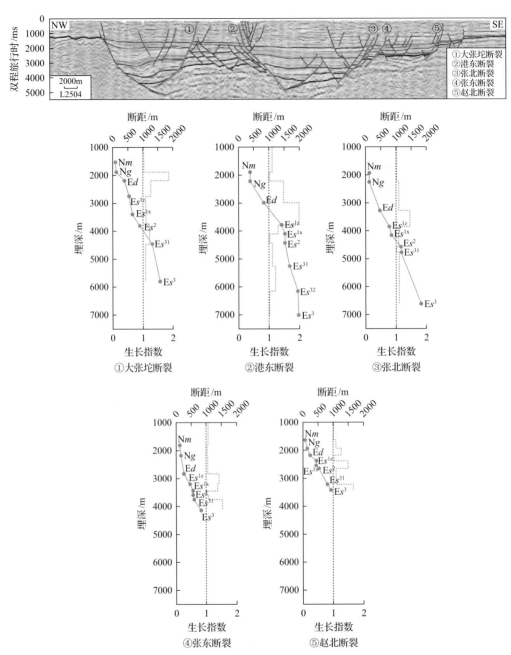

图 2-4 歧口凹陷主干断裂断距-埋深曲线及生长指数(剖面位置见图 2-1 测线④)

3. 断距-埋深曲线

不同断裂的断距在垂向上的变化不尽相同，借助断距-埋深曲线可以对断裂的生长过程进行分析(图 2-4)。总体上，各主干断裂的断距均呈现出由深及浅逐渐减小的趋势，但是具体变化特征存在差异，反映出断裂在各时期的生长具有不同的特征。大张坨断裂和张北断裂具有典型的垂向持续活动特征，其在深部断距最大，向浅部断距逐渐减小，新近系内断距远小于深部，这说明该类断裂成核于深部并向浅层持续生长，最终趋于稳定。港东断裂、张东断裂和赵北断裂在断距向浅部减小的过程中，存在"激活"现象。以港东断裂为例，该断裂的断距在沙三段内出现极大值点并向浅层逐渐减小，但在沙一段内再次出现断距高值点，而后断距再次向浅层逐渐减小。这一过程说明在深部成核的该类断裂在向浅部生长过程中，由于应力场条件的改变发生再活动，最后生长至浅部并趋于稳定；张东断裂和赵北断裂也具有这种在深部成核、中部再活动并在浅部趋于稳定的特征。

4. 断裂活动速率

针对歧口凹陷范围内的主干断裂，按照不同测线对垂直活动速率进行计算，然后取各层系活动速率的平均值来代表对应时期的断裂活动速率，其中断裂活动速率相对较大的时期往往对应断裂活动较强的时期(图 2-5)。从断裂活动速率变化趋势看，主干断裂具有长期活动特征，其中沙三段、沙一段—东营组、明化镇组沉积时期断裂活动速率均出现高值点，但明化镇组沉积时期断裂活动速率相对小于早期，这说明沙三段、沙一段—东营组沉积时期断裂活动强度较大，晚期断裂活动强度较小。

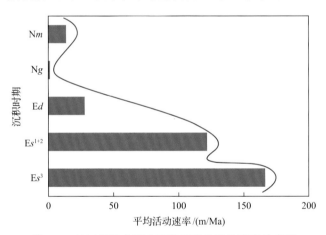

图 2-5　歧口凹陷典型主干断裂平均活动速率分布图

(二)构造演化阶段划分

通过以上对构造层序界面分布状况、主干断裂断距-埋深曲线与生长指数特征及主干断裂活动速率等方面的分析结果，可以判定：断裂强烈活动时期为沙三段沉积时期和沙一段—东营组沉积时期；馆陶组—明化镇组沉积时期也具有一定的裂陷活动，但相比古近纪较弱；其他时期断裂基本不活动。

基于歧口凹陷盆地结构及断裂发育特征，结合断裂活动期次及强度的分析结果，可以将歧口凹陷新生代构造演化划分为古近纪同裂陷阶段及新近纪—第四纪后裂陷阶段(裂后沉降阶段)。其中古近纪同裂陷阶段可以进一步划分为裂陷Ⅰ幕和裂陷Ⅱ幕，分别对应沙三段—沙二段沉积时期和沙一段—东营组沉积时期(图 2-6)。不同演化阶段的构造变形特征和盆地结构均有所不同(表 2-1)。

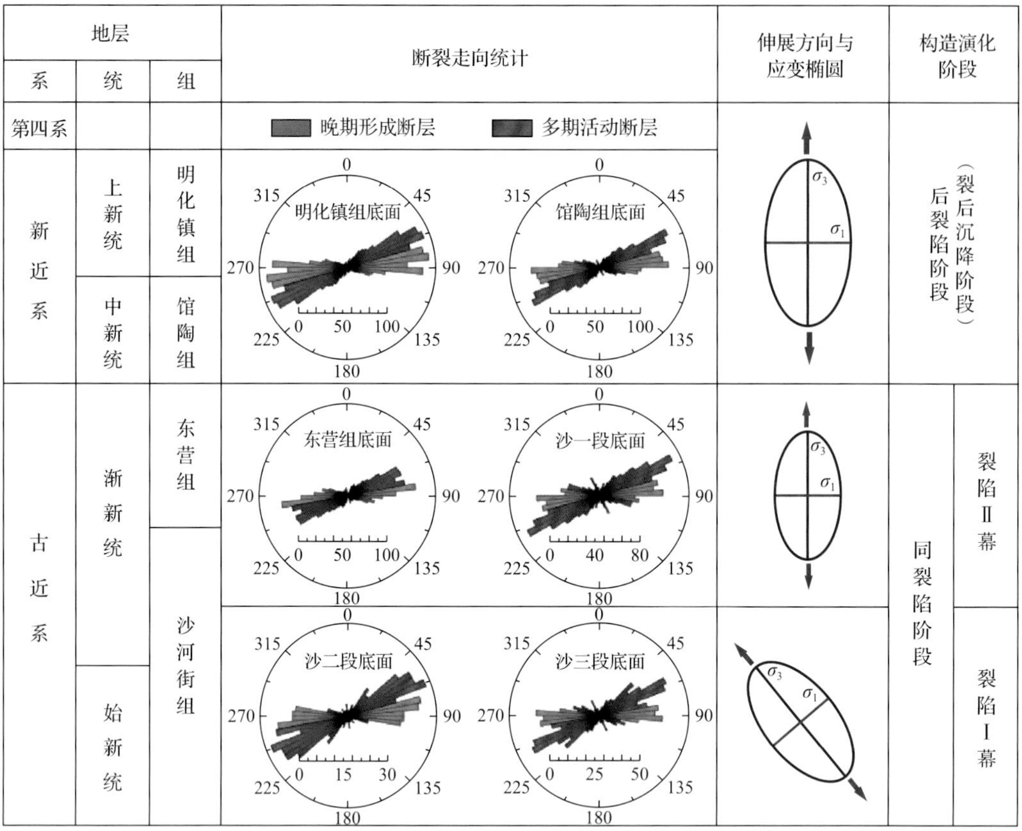

图 2-6　歧口凹陷不同层位断裂走向分布及应力机制

表 2-1　歧口凹陷新生代构造演化阶段、期次划分及其特征

地层单元				年龄/Ma	地震层位	演化阶段		构造运动学特征	盆地结构
系	统	组	段						
第四系	更新统	平原组		2.0	TQ	后裂陷阶段		拗陷沉降:区域性整体沉降,形成大型碟状拗陷;先存断裂继承性活动,并发育一系列次级伸展断裂与变换断裂	拗陷结构
新近系	上新统	明化镇组	上段	5.1	T01				
			下段	12.0	T0				
	中新统	馆陶组		24.0	T2				
古近系	渐新统	东营组	一段	32.6	T3	同裂陷阶段	裂陷Ⅱ幕	强伸展断陷与拗陷复合:区域近南-北向伸展,先存北东向、北北东向和北西西向断裂再活动	盆地结构由断陷向拗陷转化,为断拗结构
			二段						
			三段						
	始新统	沙河街组	一段	35.0	T4		裂陷Ⅰ幕	强伸展断陷:区域北西-南东向伸展,形成一系列北东向伸展正断裂,先存北东和北西西向断裂再活动	半地堑、地堑断陷结构
			二段	38.0	T5				
			三段	42.0	T6				
	古新统								

三、构造变形机制及对洼槽形成的控制

歧口凹陷作为渤海湾地区一个重要的新生代裂陷盆地，先存基底断裂对现今盆地结构及断裂发育特征的影响不容忽视。先存构造的影响及新生代构造运动共同控制着歧口凹陷的构造演化及洼槽与复杂断裂带的形成。

(一)成盆前基底断裂分布

渤海湾盆地是位于我国东部的大规模新生代裂陷盆地，其所在的华北地台地处古亚洲洋构造域、特提斯洋构造域和太平洋构造域三者的中心位置，长期受到周边造山带的影响而呈现出构造演化过程复杂的特点。太古宇—古元古代，在经历迁西运动、阜平运动和吕梁运动等多次构造事件后，华北古陆最终实现克拉通化。中新元古代—古生代，华北克拉通以整体升降运动为主；晚古生代石炭纪—三叠纪初期，华北板块北缘与西伯利亚板块发生俯冲碰撞，南侧与扬子板块及华南板块碰撞，致使地台从两侧开始发生挤压抬升，稳定的盖层沉积过程至此终结。晚三叠世—早中侏罗世受印支运动南北向挤压作用影响，盆地边缘造山带继续发生挤压作用。晚侏罗世—早白垩世，太平洋板块俯冲导致华北地区地壳伸展裂解。受依泽奈琦板块洋壳北北西向俯冲，在东部有广泛的岩浆作用，并在腹地形成北北东向裂谷系；至晚白垩世，盆地进入燕山运动尾幕，整体抬升遭受剥蚀。新生代以来，太平洋板块的后续运动在华北地区特别是渤海湾盆地产生巨大伸展应力场，导致渤海湾地区形成裂谷式盆地。

歧口凹陷作为黄骅拗陷的一部分，其形成演化便是建立在渤海湾盆地前古近纪构造变动基础之上。中生代北西西—南东东向伸展应力作用促使歧口地区发育一系列大规模北北东向伸展断裂以及北西西向变换断裂，这些断裂作为基底先存断裂对新生代构造演化有着重要的影响(图2-7)。

(二)新生代成盆期构造演化

新生代以来，歧口凹陷经历同裂陷阶段裂陷Ⅰ幕、裂陷Ⅱ幕及后裂陷阶段三个演化阶段，盆地结构由断陷结构至断拗结构，最终转变为拗陷结构(图2-8、图2-9)。同裂陷阶段(沙三段—东营组沉积时期)，在主干断裂的控制下，歧口西部呈现出连续多个单断箕状断陷组合形态，相邻的各个次凹(板桥次凹、歧北次凹及歧南次凹)被彼此之间的潜山构造(北大港潜山、南大港潜山)分隔(图2-8)。东部歧口主凹以塘沽新港潜山为间隔，与北部北塘次凹相邻，南部通过埕北断阶带过渡至埕宁隆起，整体呈现出对倾双断的复式地堑组合形态(图2-9)。后裂陷阶段(馆陶期至今)，主干断裂继承性活动较弱，区域性拗陷沉降使得盆地内部的断块差异升降运动基本停止，形成中心厚、边缘薄的大型碟状拗陷盆地结构(图2-8、图2-9)。

1. 裂陷Ⅰ幕(沙三段—沙二段沉积时期)

裂陷Ⅰ幕期间，歧口凹陷在区域伸展作用下发生大规模断陷作用。在前古近纪基底

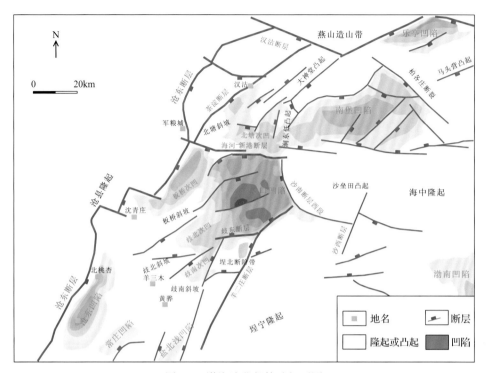

图 2-7 渤海湾北部构造纲要图

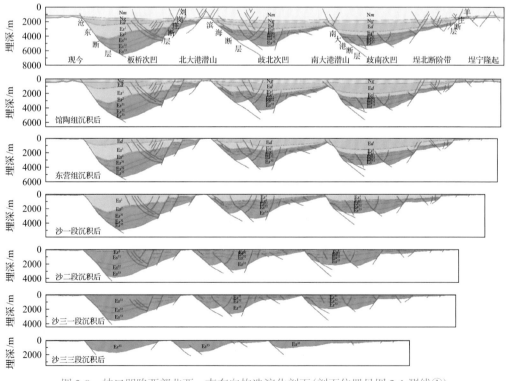

图 2-8 歧口凹陷西部北西—南东向构造演化剖面(剖面位置见图 2-1 测线①)

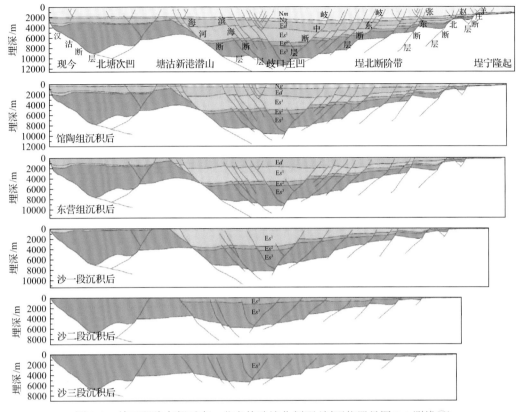

图2-9 歧口凹陷东部近南—北向构造演化剖面(剖面位置见图2-1 测线⑧)

构造之上,主干断裂控制的沉积盆地呈现出典型的断陷盆地特征,盆地内充填了沙三段—沙二段(图2-8、图2-9)。前古近纪先存北北东向伸展断裂以及北西西向变换断裂均再活动,同时还发育一系列北东向新生主干断裂,据此判断裂陷 I 幕区域伸展方向为北西—南东向(图2-10)。进而可将此阶段发育的断裂带划分为三类:第一类是先存北北东向伸展断裂在裂陷 I 幕区域伸展作用下发生再活动而形成的北北东向断裂带;第二类是先存北西西向变换断裂在裂陷 I 幕区域伸展作用下发生再活动而形成的北西西向断裂带;第三类是响应裂陷 I 幕区域伸展作用而发育的北东向新生断裂带。同时这一时期还发育不同规模的次级断裂,它们的走向及展布均不同程度地受到主干断裂的影响。

在北西—南东向伸展作用下,沙三段沉积时期歧口地区发育一系列北北东—北东向洼槽,整体表现出多洼槽分布、发育规模大的特点(图2-11)。区域上各走向断裂带的控陷作用不尽相同,往往走向与区域伸展方向高角度相交的断裂具有更强的控陷作用,具体来讲北北东向及北东向断裂由于其走向与伸展方向交角较大而表现出对沉积的强烈控制作用。同时断裂级次不同,控制了洼槽的规模,断裂级次越高,所控制的洼槽规模越大。西部主要体现在现今板桥次凹、歧北次凹和歧南次凹范围,而东部在现今北塘次凹及歧口主凹内更为明显(图2-11)。

图 2-10 歧口凹陷沙三段—沙二段沉积时期主干断裂分布(T6 反射层)

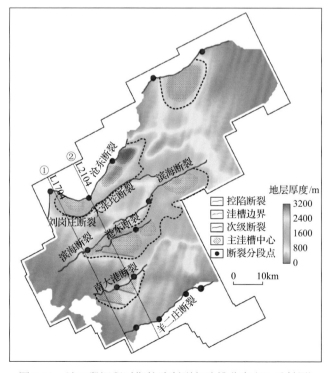

图 2-11 沙三段沉积时期控陷断裂与洼槽分布(T6 反射层)

在此阶段活动的主干断裂的走向在整个断裂长度范围内并非一致，这说明主干断裂在生长及传播过程中具有明显的分段特征(图 2-11)。对主干断裂进行沿走向的断距统计，可以得出各断裂的位移-距离曲线(图 2-12)。断距在各层位的极小值点综合指示了断裂分段点的位置。将各主干断裂分段点标注于控陷断裂与洼槽分布图上，并对洼槽内部的主洼槽中心位置进行分析，可以发现主干断裂的分段生长与主洼槽中心的发育具有一定的关联性。由分段点间隔的各个断裂段成核于各自的中心位置，越靠近断裂段中心断距越大，越靠近分段点断距越小，故不同的断裂段控制着不同的洼槽中心，进而控制洼

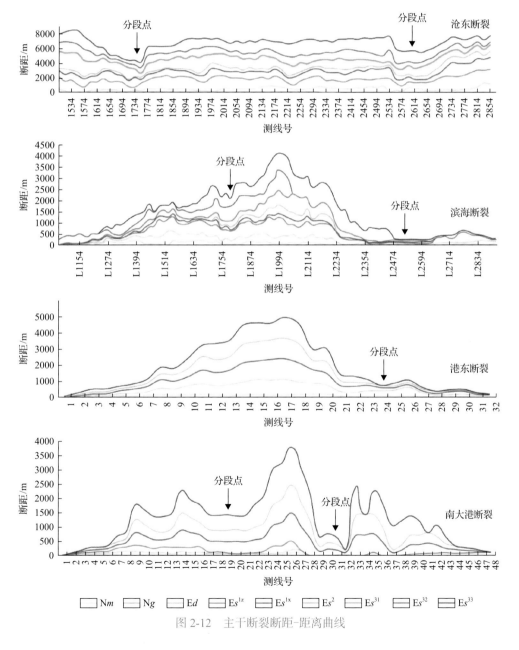

图 2-12 主干断裂断距-距离曲线

槽发育的平面分布范围和垂向结构特征。在此机制下，沙三段—沙二段沉积时期共发育10个洼槽中心(图 2-11)。

2. 裂陷Ⅱ幕(沙一段—东营组沉积时期)

进入裂陷Ⅱ幕，在前期断陷作用及沙三段—沙二段沉积层系发育的基础上，区域上发生断陷作用与拗陷作用的复合。此期间凹陷内充填了沙一段—东营组沉积层系(图 2-8、图 2-9)。在区域伸展作用下，早期发育的北东向、北北东向及北西西向断裂均再活动(图 2-13)，但活动强度具有差异性；同时局部发育一系列近东—西向次级断裂，据此判断区域伸展应力为近南—北向。前古近纪基底断裂叠加同裂陷期伸展变形，从而在此阶段仍表现为活跃的大规模北北东向断裂带，但也存在早期北北东向小规模断裂在这一时期上倾消亡现象。北东向断裂持续活动且在晚期伸展应力场之下基本继承早期规模与展布形态。大多数北西西向断裂带在向上传播过程中，都基本保持早期规模；但也存在个别断裂带在平面上呈现分段性或雁行叠覆形态，这种现象在歧口凹陷北部较为显著。同时次级断裂的发育更加密集，远离主干断裂处其走向为近东—西向，在邻近主干断裂处受到主干断裂的影响而呈现各异的展布特征。

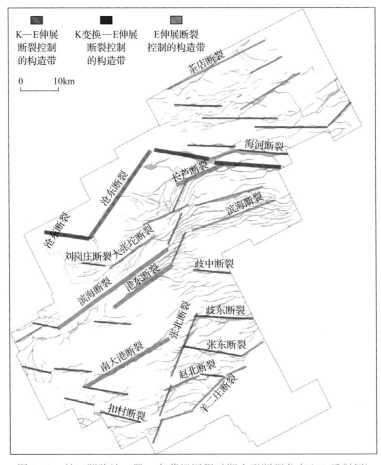

图 2-13　歧口凹陷沙一段—东营组沉积时期主干断裂分布(T3 反射层)

在裂陷Ⅱ幕近南—北向伸展应力控制下，歧口地区发育的多条走向断裂带共同控制了北北东—北东向及近东—西向洼槽的发育与分布(图 2-14)。北北东—北东向主干断裂与此时期区域伸展方向呈斜交关系，故其控制发育的北北东—北东向洼槽基本继承裂陷Ⅰ幕的洼槽规模；而近东—西向洼槽由于其控陷断裂(如海河断裂)的走向与区域伸展方向高角度相交，表现为强烈的控陷作用，故此时期近东—西向洼槽规模最大。同时，主干断裂的分段生长对洼槽内主洼槽中心的分布仍然起到控制作用，此时期共发育 9 个洼槽中心(图 2-14)。在歧口凹陷的西部，晚期洼槽中心的发育主要表现出对早期洼槽中心的继承；在歧口凹陷的东部可见个别新生洼槽中心的发育。

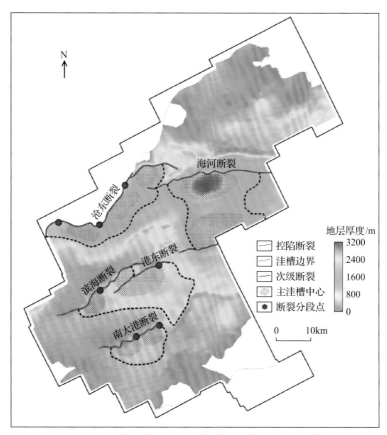

图 2-14　沙一段沉积时期控陷断裂与洼槽分布(T3 反射层)

在整个同裂陷期构造演化过程中，断裂活动对洼槽发育的控制是一个"渐变"与"继承"的过程。在裂陷Ⅰ幕所处的北西—南东向伸展应力场中，往往走向与伸展方向呈高角度相交的断裂活动强度较大，它们控制了北东—北北东向洼槽的发育(图 2-11)。随着进入裂陷Ⅱ幕，伸展方向转变为近南—北向，裂陷Ⅰ幕发育的主干断裂走向与伸展方向变为斜交关系。区域伸展作用促使北北东—北东向断裂再活动而再次控陷，裂陷Ⅱ幕发育的北北东—北东向洼槽主要体现出对裂陷Ⅰ幕洼槽的继承(图 2-14)。而裂陷Ⅱ幕发育的北西西—近东—西向断裂(如海河断裂)因其走向与伸展方向呈高角度相交，二者夹角远大于北东—北北东向断裂与伸展方向的夹角，故在这一时期的活动强度也远大于北东—

北北东向断裂，进而导致其控制的洼槽规模相对更大。断层在不同时期表现出的活动强度差异以及所控洼槽的规模变化，反映出断裂对沉积的控制作用是随断裂走向与应力场方向之间的夹角改变而渐变的；同时随应力场变化而发生的晚期变形对早期变形的继承并与之叠加，造就了洼槽的现今规模。

这种渐变与继承过程在垂向结构上也有所体现。以歧口地区东部的茶店-汉沽断裂及海河断裂为例(图2-9)，茶店-汉沽断裂(近北东走向)所控洼槽内沉积的沙三段厚度远大于海河断裂(北西西—近东—西走向)所控洼槽内充填的沙三段厚度。这说明在沙三段沉积时期北西—南东向伸展作用下，茶店-汉沽断裂的控陷作用更强。但海河断裂所控洼槽内充填的沙一段厚度较大，远超过茶店-汉沽断裂所控洼槽，说明在沙一段沉积时期南北向伸展作用下，海河断裂具有更强的控陷作用。断裂在不同时期不同应力场条件下控陷强度的变化，导致二者控制的洼槽在不同时期具有不同的规模。经历同裂陷期变形后，海河断裂所控洼槽的规模相对更大。

控制不同洼槽的主干断裂在不同时期具有不同的控陷作用强度，控制同一洼槽的主干断裂在此方面也有所体现。在现今歧北次凹处，港东断裂及其邻近的一条北西西向断裂共同控制沙三段沉积时期的洼槽结构；同样在现今歧南次凹处，南大港断裂与其邻近的两条北西西向断裂共同控制沙三段沉积时期的洼槽结构。以上两处洼槽各自的控陷断裂促使区域上形成"交叉型洼槽"(图2-11、图2-15)。既然控陷断裂的走向存在差异，

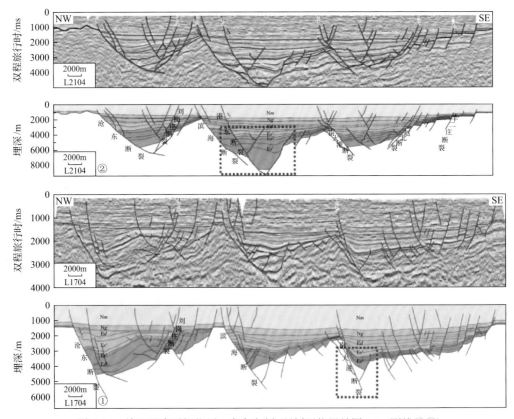

图2-15 歧口凹陷西部北西—南东向剖面(剖面位置见图2-11测线①②)

那么其走向与各个时期伸展方向的夹角就会存在差异,控陷作用也必然有所不同。北东向主干断裂(港东断裂、南大港断裂)在伸展应力方向不同的各个时期中持续控陷,而北西西向断裂在早期"被动控陷",到晚期转变为"主动控陷"。这种转变是随着伸展方向由北西—南东向转变至南—北向,北西西向断裂走向与区域伸展方向的夹角由小变大造成的。主干断裂与北西西向断裂配合,共同控制洼槽的平面分布和垂向结构(图 2-15)。

3. 后裂陷阶段(馆陶组沉积以来)

进入后裂陷阶段,歧口凹陷在近南—北向伸展作用下正式进入拗陷阶段,盆地内部的断块差异升降运动基本停止,区域性整体沉降形成中心厚、边缘薄的大型碟状拗陷盆地(图 2-8、图 2-9)。此阶段近南—北向的伸展作用促进了北东向、北北东向及北西西向先存断裂再活动,同时断裂之间的相互作用及多期变形的叠加共同造就了现今复杂断裂带的展布特征。

四、主干断裂生长机制及对烃源灶的控制作用

主干断裂的生长演化过程,直接控制了不同时期洼槽的形成、发育和演化,也影响了盆地内沉降中心的几何形状和分布特征,从而在一定程度上控制了各主力层系烃源灶的空间分布特征。

(一)断裂分段生长对洼槽的控制作用

断陷盆地的伸展活动是从控盆、控凹(洼)的边界断裂拉张开始的,通过大量野外观察、物理模拟试验和数值模拟等,认为断裂分段生长机制具有普遍性,分段生长是裂陷盆地形成演化过程中必不可少的阶段,即大量较小位移的正断层随着远程应力的增大,逐渐相互作用生长连接成少量规模较大的大断裂。而主干断裂的生长演化过程,直接控制了不同时期洼槽的发育和演化,现今观察到的这类主干断裂控制下的大型洼槽,在古地质历史时期可能也是由几个孤立的小型洼槽经历后期扩展联结形成的。而洼槽的形成演化决定了洼槽的位置和规模,以及随时间变化的方式,因此对洼槽内烃源岩的分布和有机质特征具有重要影响,主要表现为洼槽结构控制有效烃源灶的厚度和空间分布范围。

大型控洼断裂的发育对洼槽的形成具有重要控制作用,其位移传播方式直接决定着上盘地层变形特征及洼槽的形成与演化。综合洼槽主干断裂的位移模式、断裂生长的构造特征及盆地的沉积充填模型几个因素,可以明确在裂谷作用的早期阶段,控洼断裂位移的空间分布基本决定了洼槽的形状和尺寸,而控洼断裂的生长过程和产生的累积位移控制了洼槽的演化。断裂空间连续性和断裂段连接程度影响了洼槽内沉积相格架、地层厚度以及同生裂谷层序的内部特征。基于断裂位移传播方式,综合洼槽内层序界面接触关系特征、垂向沉积层序对比特征及沉积中心迁移规律,总结了洼槽形成演化的 7 种成因类型(图 2-16)。

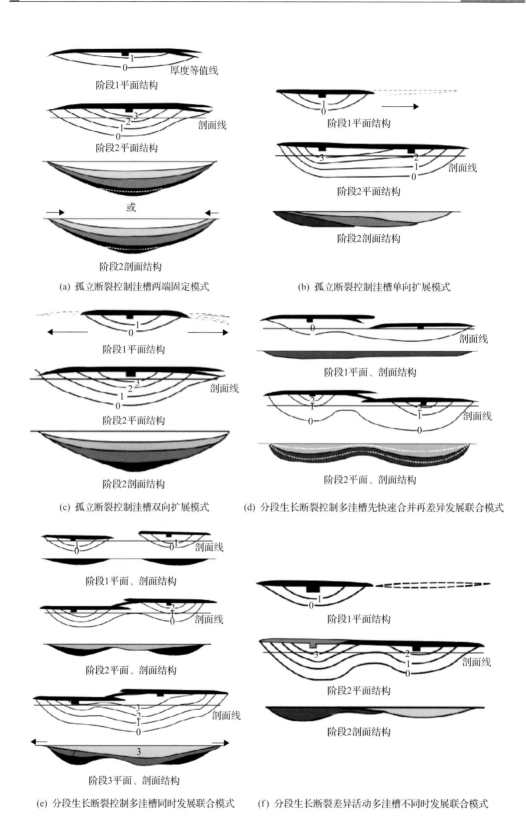

(a) 孤立断裂控制洼槽两端固定模式

(b) 孤立断裂控制洼槽单向扩展模式

(c) 孤立断裂控制洼槽双向扩展模式

(d) 分段生长断裂控制多洼槽先快速合并再差异发展联合模式

(e) 分段生长断裂控制多洼槽同时发展联合模式

(f) 分段生长断裂差异活动多洼槽不同时发展联合模式

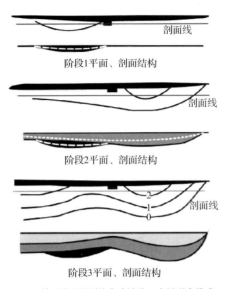

阶段1平面、剖面结构

剖面线

阶段2平面、剖面结构

剖面线

阶段3平面、剖面结构

剖面线

(g) 断裂再活动控制的多洼槽差异发展联合模式

图 2-16　理想的洼槽扩展模式

1. 孤立断裂控制洼槽两端固定模式

沉积地层仅仅记录了断裂剖面位移的增加，而没有记录断裂长度的增加，其对应一种洼槽的扩展模式，即孤立断裂控制洼槽两端固定模式[图 2-16(a)]。

裂谷作用早期，洼槽的沉积中心紧邻控陷断裂上盘的中部，洼槽长轴平行于主干断裂，主干断裂沿着走向的位移变化导致洼槽长轴剖面上形成广阔向斜几何形状，并且洼槽长度与主干断裂的长度一致，洼槽的宽度和深度取决于主干断裂的几何形态与位移大小。随着主干断裂的位移增加，洼槽的宽度和深度增大，但是由于主干断裂两端是侧向不传播的，所以洼槽的长度保持不变甚至缩短，洼槽内的充填物向着断裂末端减薄和汇聚。在这种模型中，断裂两个末端很容易形成转换断裂来调节应变。

2. 孤立断裂控制洼槽单向扩展模式

沉积地层记录了断裂剖面位移的增加，其对应一种洼槽的扩展模式，即孤立断裂控制洼槽单向扩展模式[图 2-16(b)]。

裂谷作用早期，洼槽的沉积中心在紧邻主干断裂上盘的中部，由于断裂单侧生长导致位移最大值发生迁移，所以洼槽的沉积中心也向着断裂活动端迁移，洼槽长度向着断裂活动端增长，与此同时主干断裂的位移增加导致洼槽宽度和深度增加。洼槽长轴的各时期厚度剖面呈现不对称形态。当断裂一端生长十分迅速时，尤其是沉积物供给速率等于盆地增加的可容纳空间速率时，可能使沿着洼槽长轴方向整体保持等厚，活动的断裂末端年轻的同伸展期地层将超覆在裂谷前地层之上。

3. 孤立断裂控制洼槽双向扩展模式

在这种断裂位移传播模式下，形成的沉积地层记录了断裂剖面位移和长度的增加，其对应一种洼槽的扩展模式，即孤立断裂控制洼槽双向扩展模式[图 2-16(c)]。

裂谷作用早期，洼槽长度与主干断裂长度一致，洼槽深度和宽度受控于主干断裂的几何形态和位移。当主干断裂累积位移与长度同时增长时，盆地也在长度、宽度和深度方面增长，由于控洼断裂侧向生长，洼槽各时期平面规模随时间演化而逐渐增大，年轻的地层超覆在裂谷前地层上，各个时期洼槽的沉积中心、沉降中心都紧邻控洼断裂中部，不发生迁移；短轴横剖面具有经典的"楔形"样式，向着控洼断裂呈发散状增厚，向着盆地边缘也可见超覆，这是盆地充填随着时间增宽的表现。

4. 分段生长断裂控制多洼槽先快速合并再差异发展联合模式

主干断裂为相互作用和连接模式，早期两条(或多条)断裂迅速连接成一条大型断裂，之后发生位移再调整，因为断裂位移长度遵循幂定律，连接后断裂长度发生跳跃式增大，但是相对于长度的增加，其位移是严重不足的，所以连接后的断裂主要通过增加剖面位移进行生长，认为此阶段断裂长度基本不发生变化[图 2-16(d)]。

早期孤立断裂段发生迅速的连接，导致短暂的孤立断裂段没有形成相应的沉积记录，因此浅层发育的是早期断裂段连接之后形成的窄且长的洼槽，洼槽长度与断裂长度保持一致，厚度一般较小。随着断裂发育，洼槽宽度增加，但是长度不发生变化，逐渐形成中部厚两端薄的洼槽形态。洼槽短轴横剖面样式复杂多样，经过早期控洼断裂段中部的剖面具有经典的"楔形"样式，向着控洼断裂呈发散状增厚。断裂连接处一般不发育横向褶皱。

5. 分段生长断裂控制多洼槽同时发展联合模式

洼槽主干断裂为相互作用和连接模式，断裂连接发生在孤立断裂段位移再调整之后，连接缓慢[图 2-16(e)]。早期形成了几个孤立的受断裂段约束的小型洼槽，洼槽的最大宽度、最大厚度区(沉积中心、沉降中心)都紧邻各个小型控洼断裂中部，随着断裂逐渐连接，洼槽也发生合并。在断裂连接区域内，地层沉积晚于断裂连接。此时，因为断裂连接处活动较弱，地层单元在盆地范围沉积，盆地内凸起处地层较薄，这是因为短期的位移不足。而断裂的连接导致了过大的长度/位移比值，所以为了弥补长度的增加，位移需要在断裂连接区域增加，而此时期，断裂带的长度不增加，这是因为位移曲线没有处于(或者达到)断裂末端需要传播的临界状态；之后，断裂连接处强烈活动，此时期最年轻的地层向着前盆地的凸起处增厚(横向褶皱不能持续发育)。整体观察到此种扩展模式下断陷剖面的深层为分开的小型洼槽，浅层为逐渐合并的宽缓大型洼槽，沉积中心和沉降中心也逐渐向着控洼断裂中部发生迁移。

6. 分段生长断裂差异活动多洼槽不同时发展联合模式

洼槽主干断裂模式为两条(或多条)不同时期活动的断裂相互作用和连接模式[图 2-16(f)]。早期一条断裂发育，之后停止活动，保持静止，之后另一条断裂活动，最终与这条断裂发生连接。两个(或多个)洼槽发育于不同时期，洼槽紧邻控洼断裂分布。在穿过两个断裂段的洼槽短轴剖面中，洼槽形态是不同的，发育的地层也不同。在洼槽走向剖面中，早期和晚期的洼槽沉积中心明显不同。

7. 断裂再活动控制的多洼槽差异发展联合模式

裂谷作用早期，主干断裂可能经历了前期的位移传播后，断裂两端固定，仅断裂段的一部分复活，其他部分保持静止，新形成的沉积中心比下伏沉积中心窄[图2-16(g)]。

确定洼槽的分布特征及不同成因机制的洼槽类型往往借助多种手段识别。受不同洼槽扩展模式的影响，地震剖面特征、沉积-沉降中心迁移特征、控洼断裂要素空间分布特征均有不同的响应。

通过分析洼槽形成演化的这7种成因类型，结合歧口凹陷洼槽结构的特征差异，可以得出歧南洼槽、歧北洼槽、板桥洼槽主要受控于主干断裂的组合关系及生长连接方式，将研究区洼槽的演化划分以下3种模式：①生长连接型洼槽演化模式；②固定长度型洼槽演化模式；③侧列叠覆型洼槽演化模式。

歧南洼槽位于南大港断裂上盘，其演化主要受控于南大港断裂；歧南洼槽的平面范围在古近纪的两期裂陷里存在差异，裂陷Ⅰ幕较裂陷Ⅱ幕有明显增大，且洼槽边缘发育明显的地层上超现象，这说明主干断裂位移的累积与洼槽的扩张是同步进行的，属于生长连接型洼槽演化模式。板桥洼槽位于沧东断裂上盘，平面上呈"V"字形展布，其中西段走向为北西西—南东东向，东段为北东—南西向。古近纪初期，沧东断裂强烈活动，断裂上盘广泛接受沉积。在平行于断裂走向的地震剖面中，板桥洼槽的地层不存在明显的上超现象，且洼槽范围基本未发生变化，表明主干断裂快速的延伸传播，并在裂陷初期已基本发育成型，属于固定长度型洼槽演化模式。歧北洼槽位于板桥洼槽以南、歧南洼槽以北，洼槽规模介于两者之间。裂陷Ⅰ幕，歧北洼槽整体表现为北断南超的半地堑结构；而洼槽北端发育了两条南倾的主干断裂(滨海断裂及港东断裂)，它们的分布控制着歧北洼槽不同部位的演化特征；其中，洼槽西段地层的沉降只受控于滨海断裂，表现为典型的箕状半地堑结构；而洼槽东段地层的沉降则受滨海断裂和港东断裂共同控制，整体表现为阶梯状，属于侧列叠覆型洼槽演化模式。

(二)烃源灶的刻画

烃源灶是表征盆地供烃中心的最合适方法，它是指某个评价层段中集中分布的、已经达到生油门限的，并且证实为某些油气聚集提供了油气源的烃源岩体。一般来说，烃源灶是有机质丰度高、类型好、生烃潜力大、成熟的烃源岩。烃源灶的概念最早由Demaison(1984)提出，被定义为评价成熟烃源岩单位体积的排烃量的指标。近年来，随着计算机和地震勘探技术的发展，许多学者采用盆地模拟的方法恢复某一地区的埋藏史和热史，结合地球化学参数模拟烃源灶的演化。歧口凹陷作为富油气洼陷，经过几十年的油气勘探，在地震、钻探、测井、有机地球化学等方面积累了大量的资料，为系统研究该地区烃源灶提供了基础。本节依据热史、烃源岩发育分布、构造等方面的研究成果，研究歧口凹陷古近系烃源灶特征及其与油气藏的关系。

来自不同烃源灶的原油在地球化学特征上也存在一定差异。如图2-17所示，滨22—滨海2油藏对比剖面显示歧口—马棚口沙三段烃源灶和白水头东部主凹沙三段烃源灶供给油气存在显著不同。从油气相态上看，来自歧口附近烃源灶的滨22、港深50和滨深1601H以原油为主，烃源灶覆盖范围内的港深33和港深35原油的全油碳同位素也明显

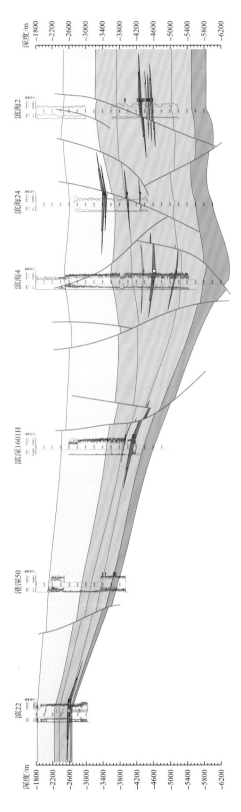

图2-17 滨22—滨海2油藏对比剖面

偏轻于主凹烃源灶内的滨海 4 原油，而饱和烃 Pr/Ph 则较小；作为对比，来自主凹沙三段烃源灶的滨海 4、滨海 2 等则表现为油气并举，并以原油为主，在同位素和生标组成上也不同于歧口附近烃源灶供给的原油，如滨海 4 井沙一段原油的萜烷三环/四环值和伽马蜡烷/$C_{31}H$ 显著高于港深 32 井沙一段原油，而 Ts/Tm 值则较小（图 2-18），表明二者在有机质来源上存在一定差异。

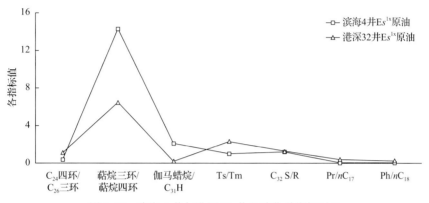

图 2-18　滨海 4 井与港深 32 井地球化学指标对比

以沧东断裂为例，通过断距-距离曲线可以看出沧东断裂符合断裂分段生长模式的规律（图 2-12），利用断距回剥法恢复各地质时期古断距分布后，发现沧东断裂在沙三段沉积时期仍未完全连接，整体可以分为三段（1600 测线以西、1800 测线至 2550 测线、2750 测线以东），这说明该时期这三条断裂段仍未同步活动（图 2-19）。同样，从板桥北次凹沙三段的地层厚度分布可以明显看出，板桥北次凹在沙三段存在两个次一级的沉积中心（图 2-20），两个次一级的沉积中心的分界大致为沧东断裂在 2600 测线附近的分段生长连接部位。在板桥北次凹的地质剖面上也能看到（图 2-21），沙三段在断裂分段处存在横向褶皱，针对前面关于地球化学指标对比差异性分析，也证实了板桥北次凹应该在沙三段存在相对独立的烃源灶。

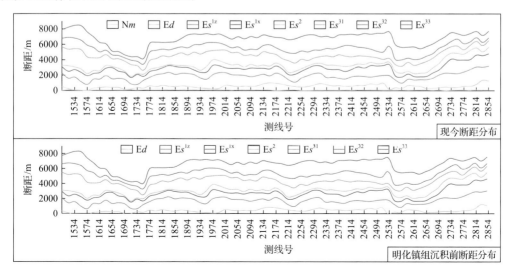

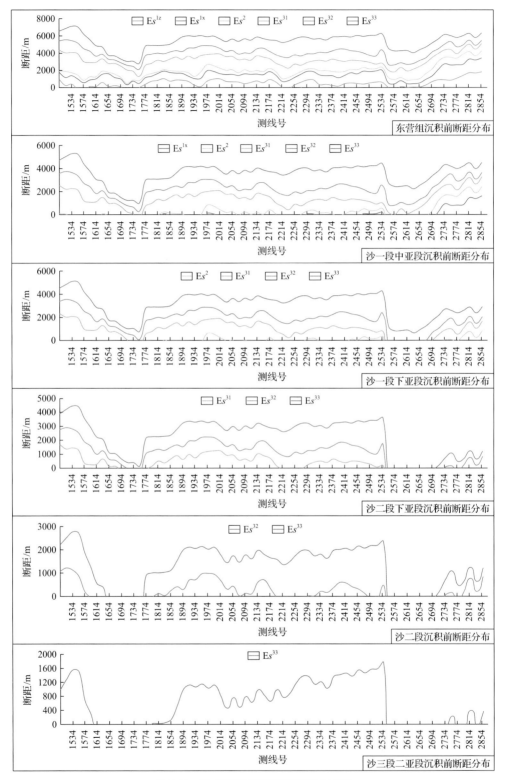

图 2-19　沧东断裂不同时期断距分布图

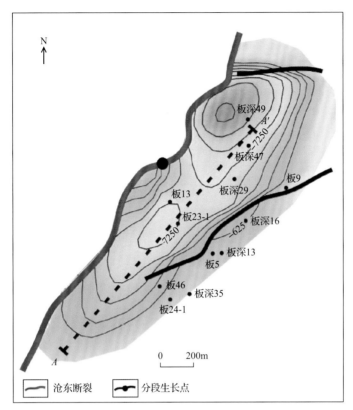

图 2-20 板桥北次凹沙三段古洼槽分布图

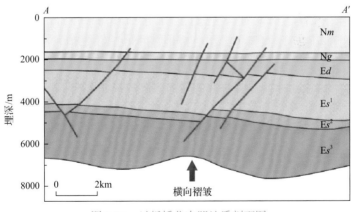

图 2-21 过板桥北次凹地质剖面图

第二节 断裂系统划分

勘探实践证明,含油气盆地内断裂的形成及演化过程控制着盆地的沉积及油气成藏,其中断裂的通道作用是烃源岩与油气聚集区形成有效空间配置关系的重要原因,断裂的封闭作用对断裂相关圈闭的有效形成和油气聚集成藏起着至关重要的作用。因此,断裂系统是控制油气藏形成和保存的主要地质因素，深化含油气盆地断裂形成和演化过程，是认识油气成藏地质条件和探讨断裂对油气分布规律控制作用所必需的。

断裂系统是指受不同时期、不同性质的构造活动的影响形成不同性质的断裂组合，包括断裂间的空间排布、相互交切关系及成因联系等。根据断裂的性质进行分类，可以将不同断裂归结为几种类型。为了进一步分析不同断裂系统对油气运聚的控制作用，付晓飞完善并发展了断裂系统划分理论，指出具有相似的几何学特征、相同的成因机制、相似的演化历史，并在同一运移期具有相同控藏作用的一组断裂为一套断裂系统。断裂系统划分遵循六步法则：一是断裂几何学统计分析；二是构造层划分及构造演化阶段厘定——构造平衡剖面；三是断裂主要变形时期厘定；四是结合砂箱物理模拟，分析同一应力场不同方位早期断裂复活变形机制；五是研究不同时期断裂变形叠加关系；六是将具有相似几何学特征、相同成因机制、相似演化历史的断裂组合划为一套系统。在此基础上，开展典型油气藏解剖，进而分析不同类型的断裂系统在油气成藏中的作用。

一、断裂几何学特征

断裂几何学特征主要是从静态上分析断裂的断穿层位、断裂面(带)形态、断距分布、组合样式、走向和倾向方位、延伸长度等，总结起来可归纳为剖面特征和平面特征两部分。

(一)断裂平面特征

断裂走向方位可以间接反映区域应力场方向，尤其是新生的次级断裂走向方位更能直观地判断应力场的特征。受多期构造运动的作用，歧口凹陷内部发育4组方位断裂，以北东—北东东向、近东—西向为主，其次是北北东向，北西西向断裂零星分布(图2-6)。

(二)断裂剖面特征

歧口凹陷整体表现为西断东超的半地堑结构，主干基底断裂普遍呈断阶状、"V"字形、"A"字形展布。正断层的几何形态可以是平面状，也可以是曲面状。上陡下缓产状的正断层通常称为铲式正断层，由陡倾的断面与平缓的断面连接而成的正断层称为坡坪式正断层。断层面和断层两盘断块在断裂演化过程中的位移方式可以是直移，也可以发生旋转。研究区主体为铲式断裂和平面状断裂(图2-22)。

(三)断裂组合模式

断裂组合模式是盆地性质、应力场特征及岩层能干性的综合体现，分析断裂组合模式有助于研究盆地和断裂的形成演化过程。盆地内部断裂的分布和成因与主干断裂的产状和运动学特征有关，特别是主干断裂位移常引起断裂上盘变形，形成与主干断裂倾向一致的同向调节断裂、反向调节断裂、构造斜坡上的共轭断裂系和反向断裂组等。

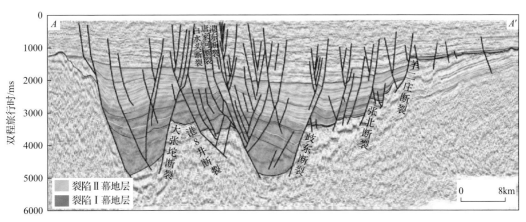

图 2-22 歧口凹陷典型地震剖面

铲式断裂控制的半地堑内部有两个特定的部位易发育调节次级断裂,形成有规律的正断层组合,一是断裂向深部延伸与主干断裂相交构成铲式扇连锁断裂系统(linked-fault system);二是在构造斜坡上发育"V"字形或"X"字形正断层组合,可能与水平拆离有关。从纵向上看,不同构造层次发育的断裂、不同断裂体系内及断裂剖面组合样式都有很大的差异:下部构造层系断裂组合样式主要有多米诺式、铲式扇、地堑、阶梯式组合,反映了以断裂伸展变形为主;上部构造层系断裂组合样式主要有"V"字形、"y"字形或反"y"字形组合。上部构造层系与下部构造层系主要为花状组合,局部为"y"字形或反"y"字形组合。这种花状组合反映了下部构造层系主干断裂对上部构造层系断裂形成的控制作用,早期基底断裂在晚期构造活动中是重要的薄弱带。当构造活动较强且无厚度较大的塑性地层影响时基底断裂复活向上延伸,形成贯穿性断裂;当构造活动较弱时基底断裂也复活,但不向上延伸,断裂分段扩展,但后期应力场方向与早期基底断裂方向并非正交,斜向裂陷导致早期基底断裂复活,因此在张扭应力场作用下,主干基底断裂发生走滑,同时派生次级张扭性正断层,从而在剖面上形成"花状"断裂组合。因此,上部断裂系形成时主要发生张扭变形(图 2-22)。

二、断裂活动期次及演化历史

厘定断裂形成和活动期次有多个指标,如不整合面、生长指数、断裂活动速率、盆地伸展变形强度以及构造演化史剖面。尽管这些指标均能反映断裂形成和活动时期,但受地层是否发育齐全等因素的影响,各种方法均存在片面性,本节提出应用"两图(断距-埋深曲线和生长指数图)"联合表征断裂活动期次的方法。

(一)断裂活动时期的厘定

断裂的生长是一个动态过程,不同构造沉积环境下,断裂成核点指断裂在地层中开始形成的位置,即断裂的初始破裂位置。断裂在成核点处形成后,不仅在平面走向上可能有多重生长模式,在纵向上生长模式也存在差异。断距-埋深曲线是指单条地震剖面上不同地层断距沿倾向上的变化规律。一般来说,埋深-断距曲线上断距最大的位置即断裂成核点(断裂开始形成的位置)，因此，用断距-埋深曲线可以判定断裂形成演化过程及活动特征。根据断距-埋深曲线可划分出以下 4 种类型。

一是孤立型断裂。这种断裂断距-埋深曲线形态呈"C"形，即断裂垂向中心位置断距最大，端部断距最小，只存在一个成核点。断层面为板状，是在所有地层沉积完成后，受晚期构造应力场作用形成断裂，即地层沉积早于断裂作用，这种生长模式下形成的断裂，无论成核点位于何处，断裂整体均变现为非同生性，为后生断裂[图 2-23(a)]。

二是持续生长型断裂。这种断裂的断距-埋深曲线表现为线性增加特征，又称同沉积型断裂，即地层沉积作用发生的同时发生断裂活动而形成的断裂，此类断裂的断距随深度增加而增大，即埋深越大，断距越大[图 2-23(b)]。

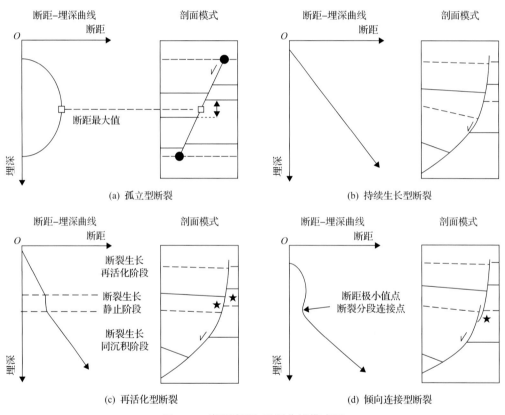

图 2-23　断裂断距-埋深曲线模式图

三是再活化型断裂。这种断裂的断距-埋深曲线整体上也呈线性增加，但是向上存在一个明显的拐点，对应断距梯度迅速减小。主要特征为在经历一段间歇期和埋藏期后，断裂再活化并向上生长。这种断裂在地层沉积表面开始形成，在区域应力场作用下，断裂迅速向深部地层传播，并在沉积过程中持续活动，形成同生断裂。这种纵向生长模式下形成的断裂，在断裂成核点之上的断裂段控制地层的沉积，地层上下盘厚度存在差异，即断裂上盘地层厚度大于下盘地层厚度，具有生长特征，生长指数大于 1，而成核点之下的断裂段为地层沉积后受断裂作用断穿，不控制沉积，生长指数等于 1，因此不具有同生性。之后的一段时间内，断裂不再活动，为间歇期，地层沉积不受断裂控制。经过一段时间的埋藏后，断裂又再次活化向上断穿，出现第二个成核点，表明断裂两期活动，但是断裂断距向上逐渐变小，不再出现极大值[图 2-23（c）]。

四是倾向连接型断裂。这种断裂的断距-埋深曲线整体呈现"M"形几何形态，其中两个断距极大值被一个断距极小值隔开。断裂最初在地下深部某层位开始破裂，同时向深部和浅部地层双向生长。之后经过一段埋藏期后，再次发生构造运动，使得上部新沉积构造层新断裂成核，断距向下传播，当传播至下部断裂端部，两端点相互作用形成连接点，断裂相互连接，从断距-埋深曲线上看存在两个高值点和一个低值点，为不同时期的两个断裂段相互连接[图 2-23（d）]。

以歧口凹陷板桥地区为例，利用断距-埋深曲线结合生长指数研究断裂活动时期及垂向生长过程。如图 2-24 所示，断裂属于持续生长型断裂，自沙三下亚段甚至更深地层处成核，古近纪、新近纪持续活动。在持续活动过程中，断裂断穿上覆地层形成的位移逐渐累加至下伏地层，从而在断距-埋深曲线上会有断距随埋深逐渐增加的特征。上盘地层的厚度向着断裂方向逐渐增厚，断裂对沉积的控制作用显著，由此生长指数在各个时期均大于1。

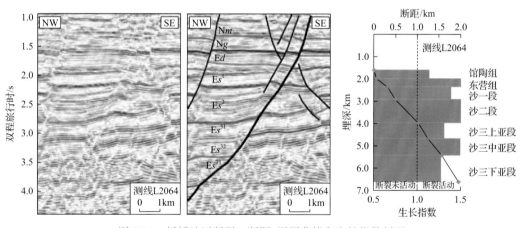

图 2-24　板桥地区断裂 1 断距-埋深曲线和生长指数剖面

如图 2-25 所示，断裂属于再活化型断层，断裂在沙三中亚段开始成核，在沙三上亚段、沙三中亚段沉积时期向上下地层传播，沙三中亚段、沙三上亚段具有明显的生长地层特征，地层厚度向着断裂逐渐增厚，生长指数大于1；沙二段、沙一段沉积时期，断裂停止活动；东营组沉积时期，断裂再次活动，使得下伏断裂断穿上覆沙二段、沙一段，其断距不变，生长指数为1，表现为后生断裂特征；当断裂断至自由表面（东营组底）时，断裂持续活动，控制着东营组、馆陶组的沉积。

如图 2-26 所示，断裂属于倾向连接型断裂，断裂自沙三中亚段成核，在沙三中亚段、沙三上亚段沉积时期向上下地层传播，沙三中亚段、沙三上亚段具有明显的生长地层特征，地层厚度向着断裂逐渐增厚，具有明显的楔状结构，生长指数大于1；沙二段沉积

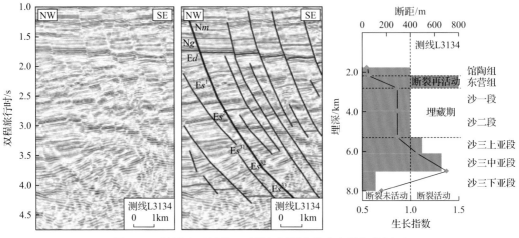

图 2-25　板桥地区断裂 16 断距-埋深曲线和生长指数剖面

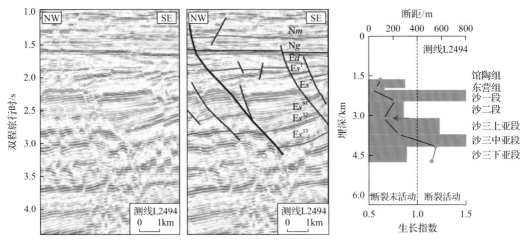

图 2-26　板桥地区断裂 9 断距-埋深曲线和生长指数剖面

时期，地层生长指数小于 1，断裂不活动；沙一段沉积时期，基底断裂尚未复活，而在沙一段形成了一条同倾向的新生断裂，并开始向上下地层生长，当上部断裂断穿下伏层位与基底断裂连接成一条断裂时，在断裂连接处出现断距低值区。其与再活化型断裂的重要区别为：倾向连接型断裂的断距-埋深曲线具有多个断距极大值点。

(二)断裂演化历史

　　构造发育史是反映断裂活动期次、形成演化历史的重要手段，利用反演法，在考虑地层去压实校正下采用层拉平技术对典型地质构造剖面进行恢复，确定构造和断裂形成演化历史。研究表明：断裂在沙三段沉积时期表现为强烈变形，形成箕状断陷结构特征，沙二段为构造稳定期，地层变化不大；沙一段—东营组沉积时期，主干断裂复活，强烈活动叠加变形，形成了典型箕状断陷结构；馆陶组—明化镇组沉积时期整体表现为弱伸展变形特征(图 2-27)。

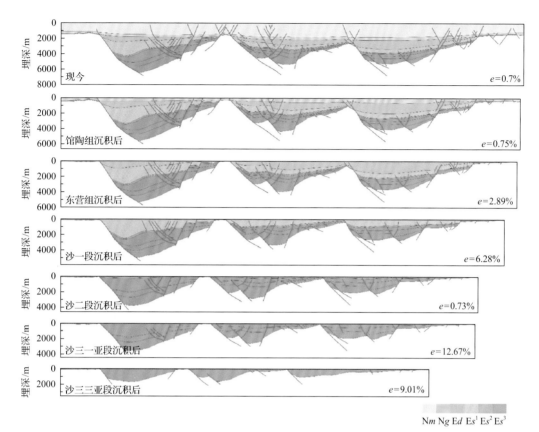

图 2-27 典型剖面构造演化史

e 为伸展率

三、变形机制及叠加关系

从不同构造层活动断裂类型及分布图可以明显看出,沙三段、沙一段、明化镇组断裂主体由北东走向转变为近东—西走向,沙一段沉积时期是断裂系统走向发生转换的关键变革时期(图 2-28~图 2-30)。中生代末期,歧口凹陷受北西西—南东东向伸展作用,形成大量北北东向伸展断裂;裂陷 I 幕歧口凹陷受北西—南东向伸展,发生了大规模强烈断陷活动,北东—北东东向断裂开始发育,近东—西向断裂复活(图 2-28);裂陷 II 幕应力场方向转变为近南—北向伸展,发育大量近东—西向断裂,北东向断裂继续活动(图 2-29);裂陷后期应力场仍为南—北向伸展,发育大量东—西向断裂,北东向断裂选择性复活,活动较弱(图 2-30)。整体以伸展变形为主,局部表现为"斜向伸展"变形特征,具有"三期变形叠加"特征。

四、断裂系统划分

断裂系统是指具有相似的几何学特征、相同的成因机制、相似的演化历史,并在同一运移期具有相同控藏作用的一组断裂。基于六步法则,歧南斜坡带可以划分出 6 套断裂系统(图 2-31、图 2-32):沙三段—沙二段活动断裂、沙一段—东营组活动断裂、

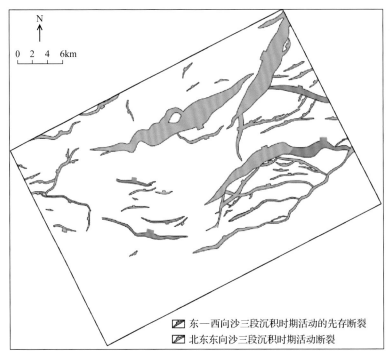

图 2-28 歧口凹陷南部地区沙三段底面断裂活动类型及分布图

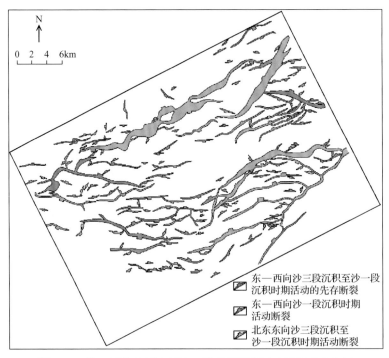

图 2-29 歧口凹陷南部地区沙一段底面断裂活动类型及分布图

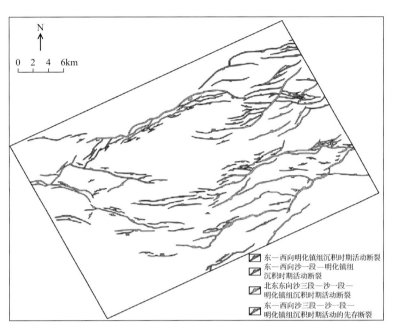

图 2-30　歧口凹陷南部地区明化镇组底面断裂活动类型及分布图

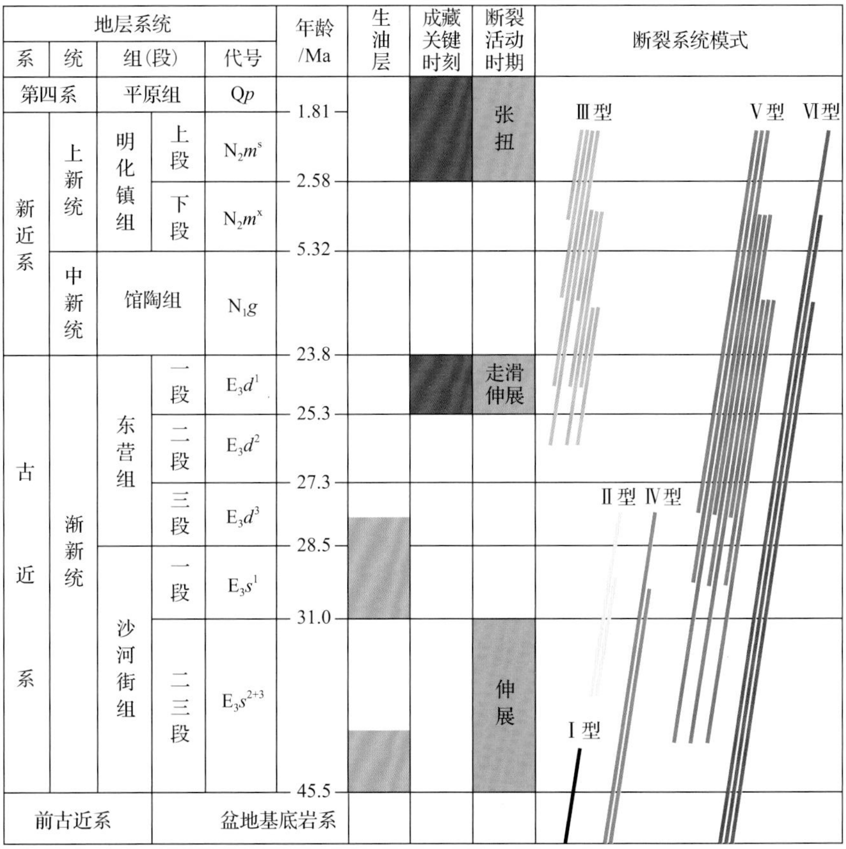

地层系统				年龄/Ma	生油层	成藏关键时刻	断裂活动时期	断裂系统模式
系	统	组(段)	代号					
第四系		平原组	Qp	1.81			张扭	Ⅲ型　Ⅴ型　Ⅵ型
新近系	上新统	明化镇组	上段 N₂m^s	2.58				
			下段 N₂m^x	5.32				
	中新统	馆陶组	N₁g	23.8				
古近系	渐新统	东营组	一段 E₃d¹	25.3			走滑伸展	
			二段 E₃d²	27.3				Ⅱ型　Ⅳ型
			三段 E₃d³	28.5				
		沙河街组	一段 E₃s¹	31.0			伸展	
			二三段 E₃s^{2+3}	45.5				Ⅰ型
前古近系		盆地基底岩系						

图 2-31　歧口凹陷不同断裂系统划分依据及其贯穿层位模式图

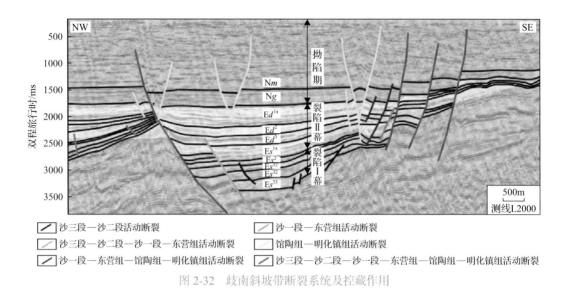

图 2-32　歧南斜坡带断裂系统及控藏作用

沙三段—沙二段—沙一段—东营组活动断裂、馆陶组—明化镇组活动断裂、沙一段—东营组—馆陶组—明化镇组活动断裂、沙三段—沙二段—沙一段—东营组—馆陶组—明化镇组活动断裂。

　　按照上述断裂系统的划分原则，选取断陷、断拗、拗陷构造层具有代表性的层位，将断裂系统进行平面标定。主力目的层沙三段和沙一段发育 4 套断裂系统（图 2-33、图 2-34）。

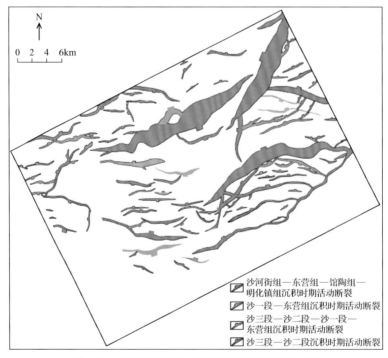

图 2-33　歧南斜坡带沙三段平面断裂系统分布图

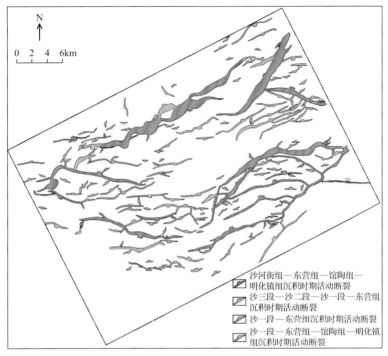

图 2-34　歧南斜坡带沙一段下部平面断裂系统分布图

　　断裂系统划分是考虑了断裂相同成因机制与相似演化历史的，但实际地质资料表明，不同几何特征（走向、长度、倾向、位移）、不同期次及不同时代的正断层连锁在一起而构成复杂断裂带。这些断裂在平面上多具有密集成带，剖面上呈现多种构造样式组合的特征。故此，基于不同断裂系统的几何学要素及组合特征，在变形机制分析的基础上明确这些复杂断裂带的成因类型尤为重要。

第三章 复杂断裂带成因机制及类型

复杂断裂带是指断裂平面和剖面组合样式、变形特征、圈闭类型及应力状态的总称，在张扭或压扭应力环境中，复杂断裂带常出现张性、张扭性和扭性，或压性、压扭性和扭性的断裂组合，它是复杂断块油气藏形成与聚集的主要场所。开展复杂断裂带的划分与成因分析是相关油气藏评价的基础。立足以盆地或大区级别为单元，基于构造应力场及其演化、构造样式组合分析，明确主要复杂断裂带的类型及特征。依据地震资料的精细构造解释、应力状态和圈闭发育模式分析，建立地质模型，同时开展砂箱物理模拟进行验证，最终明确复杂断裂带的成因。

第一节 复杂断裂带划分

正断层作为伸展盆地主要的变形形式，其构造特征往往表现出很大的差异。目前对复杂断裂带的成因缺乏一个系统的认识，尤其是正断层在多期伸展过程中的变形行为及相互作用的位移模式还存在一定的分歧。基于断裂组合模式与变形性质建立复杂断裂带分类与划分方案尚需深入研究，有助于分析不同类型断裂带富油特征的差异。

一、分类原则

对于多期伸展裂陷盆地，既有前裂陷期的复活断裂，又有同裂陷期不同成因断裂，以及后裂陷期断裂，在几何学上既有"基底卷入断裂"，又有"沉积盖层断裂"。不同世代、不同成因的断裂在空间上相互连接、交叉、切割而叠加在一起构成裂陷盆地的复杂断裂带。这些断裂的相互作用方式以及相互位移传递的特征，不同学者在不同研究尺度下，得到的认识也不尽相同。

因此，国外学者以成因差异对复杂断裂带进行分类。

(1)同一应力场下形成的多组断裂带(Reches，1978；Krantz，1988)。这类断裂带通常表现为多种走向共存，断裂均匀分布，不同走向的断裂相互交叉切割[图 3-1(a)]。

(2)多期多方向伸展作用形成的断裂带(Bellahsen and Daniel，2005)。断裂在不同时期表现为不同走向，断裂均匀分布，新形成的断裂将切割早期断裂[图 3-1(b)]。

(3)应力旋转作用下，基底先存断裂或构造薄弱带(叶理/片理)的再活动形成的断裂带(Færseth et al.，1995；Morley et al.，2004)，以及大型断裂滑动作用导致的区域应力场扰动形成的断裂带。这类断裂带既包括先存断裂的复活断裂，又包括新生断裂，还包括两者之间形成的转换断裂[图 3-1(c)、图 3-1(d)]。

(4)沿走向断裂位移量的变化形成的断裂带(Destro，1995；Stewart，2001)。这类断裂带通常表现为两种走向，即次级断裂的走向与主干断裂呈近垂直分布，次级断裂主要形成在主干断裂的分段生长连接部位[图 3-1(e)]。

(5)受能干性较弱岩层(盐或超压页岩)的塑性流动作用,上覆地层发生重力滑脱形成的断裂带(Clausen and Korstgård,1996;Jackson and Larsen,2009)。这类断裂带走向较为复杂,断裂主要沿塑性流动作用强的地层附近分布[图 3-1(f)]。

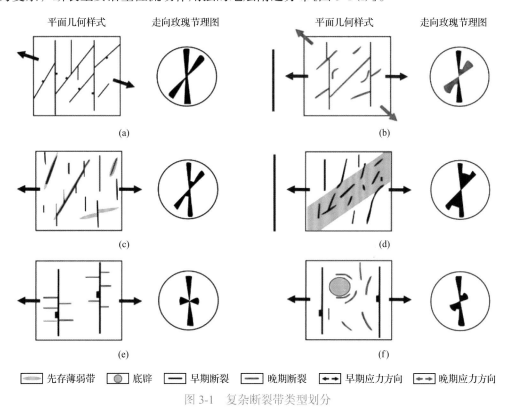

图 3-1 复杂断裂带类型划分

以上 5 种复杂断裂带的划分是通过对断裂带的几何特征、构造-沉积特征、沿走向断裂断距的变化等参数去辨别复杂断裂带的成因机制。然而复杂断裂带的成因相对来说较为复杂,主要是多种来源的动力共同作用而成。裂陷作用发生的动力学来源主要有 4 种:①岩石圈底部的上地幔或软流圈的热物质对流施加给上覆岩石圈的引张力;②板块相互运动传递到板块内部的引张力;③岩石圈地温场变化导致地壳膨胀收缩;④上覆岩石产生的围压。不同动力学机制在裂陷盆地演化过程中相互影响,才导致盆地在多期次的构造演化阶段中形成复杂断裂带。

近年来通过砂箱物理模拟、数值模拟及实际地震资料分析证实:先存构造、多期异向伸展及局部应力场扰动是控制不同走向复杂断裂带的三个主要因素。在裂陷盆地的多期演化过程中,远程应力场方向受板块边界和板内相互作用将发生改变,导致同一盆地断裂形成与发展模式可能会有很大变化,基底先存构造的附近应力可能发生旋转,使主应力方向改变而产生局部应变,造成裂陷盆地在不协调伸展情况下存在变形分区,同时受多期裂陷叠加变形的影响,在盆地的不同构造单元可以形成不同成因类型的复杂断裂带。

根据区域伸展方向与基底先存断裂之间的关系，基底断裂的复活主要有以下 4 种方式。

(1)基底先存断裂直接活动。这种复活方式的区域伸展方向与基底先存断裂以高角度相交，处于有利的复活方位。基底先存断裂直接复活持续活动并向浅部地层直接扩展，如果基底先存断裂存在多组断裂相互错开的情况，可以追踪两组甚至两组以上断裂复活，从而成为走向上锯齿状变化的追踪正断层。这种复活方式，一方面会伴生与区域伸展方向垂直的正断层，另一方面由于局部应力场的改变派生一系列斜交的小型正断层，其相交的锐夹角指示走滑分量，伴生和派生的两类断裂连接形成"弧形"断裂。

(2)基底先存断裂复活，并未向上扩展，只在浅部派生雁列式断裂。这种复活方式出现在斜向拉伸下基底先存断裂复活中，处于相对不利的伸展方位。基底先存断裂一方面难于直接复活，另一方面又具有较大的平移分量，从而深部处于斜向拉伸的基底断裂活动在浅部却表现为雁列式断裂。

(3)扩展和连接断裂。复活的基底先存断裂向上扩展的同时并沿走向两端或一端向外扩展，与新生断裂连接形成弧形断裂。这种复活方式是上述两种复活方式再加上一个扩展断裂。基底先存断裂复活向一端或两端扩展中更易沿着垂直区域伸展方向形成正断层。

(4)走向滑动复活。这种复活方式指区域伸展方向与基底先存断裂走向大致平行，基底先存断裂将只在基底活动，没有直接错断沉积盖层，但是对沉积盖层构造变形有明显的控制作用，即所谓的"隐伏型走滑断裂"或"不成熟的走滑断裂"。这类隐性断裂带形成演化具有阶段性，演化趋势可以由"隐性"逐渐向"显性"过渡(基底断裂规模较大，走滑作用持续增强)。但是多由于后期受区域伸展作用影响较大，尤其是新生的伸展正断层形成而变得十分复杂而难以识别。

因此，根据基底先存断裂走向与区域伸展方向之间的夹角(α)大小，综合前人的划分方案，复杂断裂带可以分为：当 $\alpha \leqslant 15°$ 时，为正交伸展变形；当 $15° < \alpha \leqslant 75°$ 为斜向伸展变形，其中 $15° < \alpha \leqslant 45°$ 时，正交伸展变形分量大于走滑伸展分量，为扭张变形，而 $45° < \alpha \leqslant 75°$ 时，正交伸展变形分量小于走滑伸展分量，为张扭变形；当 $\alpha > 75°$ 时，为走滑伸展变形，其划分依据如图3-2所示。

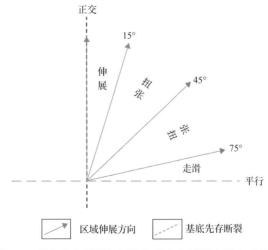

图 3-2　基底先存断裂与区域伸展方向不同变形方式特征

如前所述,歧口凹陷主要经历同裂陷阶段及后裂陷阶段,其中裂陷Ⅰ幕为沙三段—沙二段沉积时期,主要发生北西—南东向伸展变形;裂陷Ⅱ幕(沙一段—东营组沉积时期)及后裂陷期(馆陶组沉积时期至今),主要发生近南—北向伸展变形,可以说两期伸展变形过程中区域伸展方向与基底先存断裂的角度发生变化,导致变形方式在垂向上发生叠加,因此该区复杂断裂带具有两期叠加变形的特征。

二、复杂断裂带的划分方案

如前所述,受多期构造运动的作用,歧口凹陷内部发育4组走向断裂:以北东—北东东向、近东—西向为主,其次是北北东向,北西西向断裂零星分布。中生代末期,歧口凹陷受北西西—南东东向伸展作用,形成大量北北东向伸展断裂;裂陷Ⅰ幕受北西—南东向伸展,歧口凹陷发生了大规模强烈断陷活动,北东—北北东向断裂开始发育;裂陷Ⅱ幕区域应力场方向转变为近南—北向伸展,发育大量近东—西向断裂。

歧口凹陷断裂主要以平行式及羽状分布,在长期活动断裂的上盘断层密度较大,复杂断裂带较为发育,这些长期活动的断裂主要为北东—北东东向,而由次级断裂组成的复杂断裂带走向呈近东—西向(图3-3～图3-5)。

歧口凹陷的裂陷Ⅰ幕、裂陷Ⅱ幕及后裂陷阶段均有断裂发育,同时先期形成的断裂受区域应力作用发生继承性活动,在"三期构造阶段-两向伸展变形"背景下,将歧口凹陷复杂断裂带划分为3种类型(表3-1)。

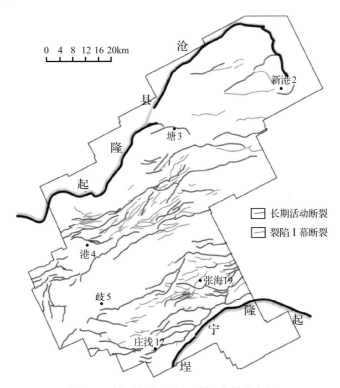

图3-3 歧口凹陷裂陷Ⅰ幕活动断裂分布

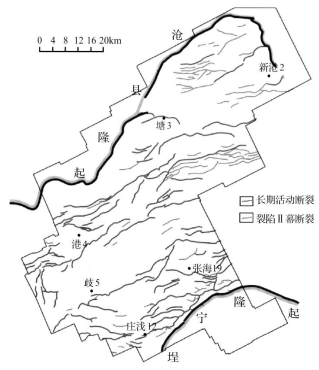

图 3-4 歧口凹陷裂陷 Ⅱ 幕活动断裂分布

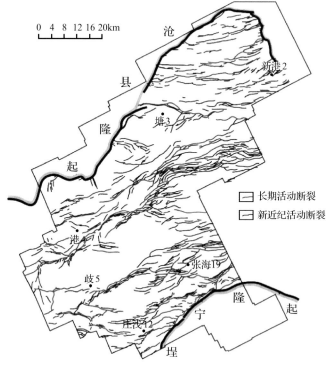

图 3-5 歧口凹陷后裂陷阶段断裂分布图

表 3-1　歧口凹陷复杂断裂带划分

序号	复杂断裂带类型	动力学特征			几何特征 (断裂优势走向)
		始新世	渐新世	新近纪	
1	伸展-扭张Ⅰ型	伸展	扭张	扭张	北东—北东东向
2	伸展-扭张Ⅱ型		伸展	扭张	近东—西向
3	扭张-张扭型	扭张	张扭	张扭	北北东向

　　伸展-扭张Ⅰ型复杂断裂带主要指北东—北东东向的主干断裂,在始新世(裂陷Ⅰ期)受北西—南东向伸展作用发生伸展变形,断裂走向与区域伸展方向正交,断裂活动主要发生倾向位移,为了调节伸展应变形成平面近似平行主干断裂的次级断裂,剖面上与主干断裂构成"y"字形组合样式;而至渐新世(裂陷Ⅱ幕)—新近纪,南北向区域伸展方向与北东—北东东向断裂呈高角度斜交,断裂发生扭张变形,断裂倾向上向上分段传播,走向上次级断裂孤立成核向主干断裂传播,平面为斜列的弧形断裂组合;剖面上形成似花状组合样式,属于典型的斜向伸展变形特征(图 3-6、图 3-7)。

　　伸展-扭张Ⅱ型复杂断裂带主要指近东—西向的主干断层,这类复杂断裂带与伸展-扭张Ⅰ型复杂断裂带成因机制相同,只是形成演化时间存在差异,这在主干断裂派生的次级断裂的断距-埋深曲线上可以看出明显的差异(曲线斜率的差异),伸展-扭张Ⅰ型复杂断裂带次级断裂在始新世表现为生长断裂的特征,而伸展-扭张Ⅱ型复杂断裂带表现为渐新世后生断裂生长的特征(图 3-8)。

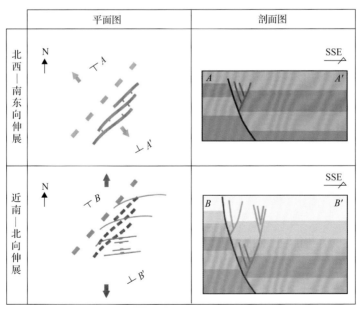

图 3-6　伸展-扭张Ⅰ型复杂断裂带演化模型

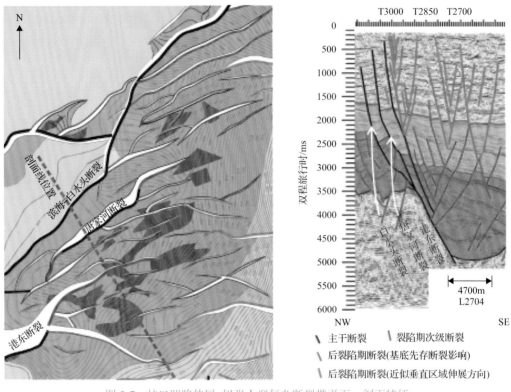

图 3-7 歧口凹陷伸展-扭张Ⅰ型复杂断裂带平面、剖面特征

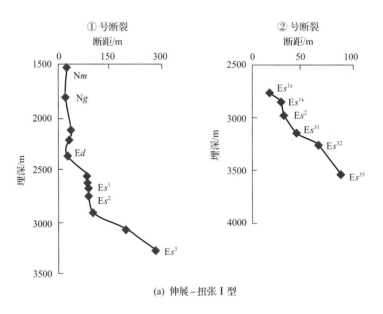

(a) 伸展-扭张Ⅰ型

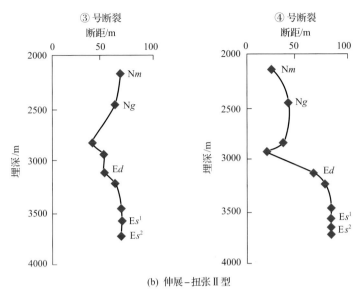

(b) 伸展−扭张Ⅱ型

图 3-8 歧口凹陷伸展−扭张型断裂带次级断裂断距−埋深曲线特征

　　扭张−张扭型复杂断裂带主要指北北东向的主干断裂,该类断裂带与始新世的北西—南东向区域伸展方向呈高角度斜交,断裂带以扭张变形为主,该时期发育一系列与主干断裂斜交的次级断裂,平面形态以羽状分布为主,剖面上与主干断裂构成"y"字形组合样式;而渐新世—新近纪的南北向区域伸展方向与北北东向断裂呈低角度斜交,该时期断裂带以张扭变形为主,平面为斜列的弧形断裂组合;剖面上形成似花状组合样式(图 3-9、图 3-10)。

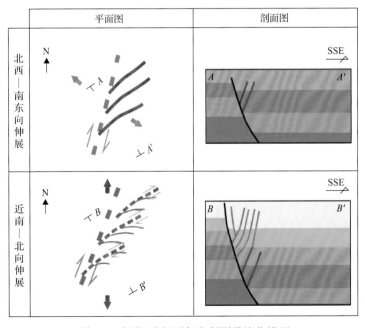

图 3-9 扭张−张扭型复杂断裂带演化模型

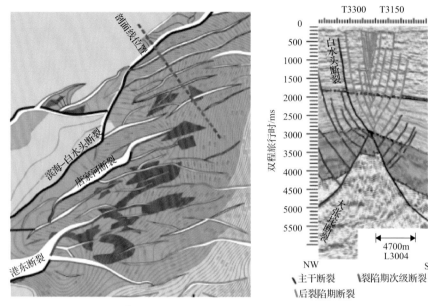

图 3-10　歧口凹陷扭张-张扭型复杂断裂带平面、剖面特征

伸展-扭张Ⅰ型复杂断裂带：以南大港断裂为例，在裂陷Ⅰ幕阶段，南大港断裂下降盘发育大量反向倾斜的次级断裂，这些次级断裂断穿了基底面；在裂陷Ⅱ幕阶段，由于张扭变形作用，这些次级断裂继续活动，在断裂顶端形成似花状构造(图 3-11)。

伸展-扭张Ⅱ型复杂断裂带：以歧东断裂为例，在裂陷Ⅰ幕阶段，歧东断裂并未形成断裂带；在裂陷Ⅱ幕阶段，近东—西向的歧东断裂在区域应力场下强烈活动，断裂下降盘发育大量反向倾斜的次级断裂；在后裂陷阶段，由于张扭变形作用，这些次级断裂继续活动，在断裂顶端形成似花状构造(图 3-11)，由于演化时间较短，该类型复杂断裂带的宽度普遍小于伸展-扭张Ⅰ型复杂断裂带。

扭张-张扭型复杂断裂带：以白水头断裂为例，该类断裂带在裂陷Ⅰ幕以伸展作用为

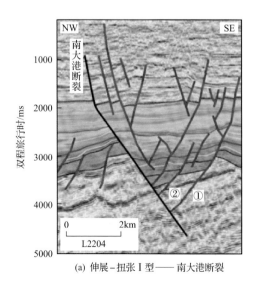

(a) 伸展-扭张Ⅰ型——南大港断裂

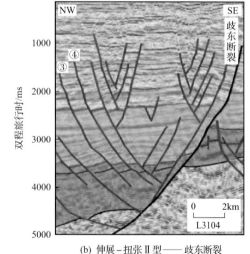

(b) 伸展-扭张Ⅱ型——歧东断裂

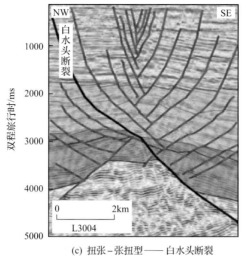

(c) 扭张-张扭型——白水头断裂

图 3-11 不同类型的复杂断裂带剖面样式

主，扭动变形为辅；而在裂陷Ⅱ幕以扭动变形为主，伸展作用为辅；最终形成类似"包心菜"的构造样式(图 3-11)。

三、不同复杂断裂带分布

根据建立的复杂断裂带的分类方案，将歧口凹陷一共划分 45 个复杂断裂带(图 3-12)。

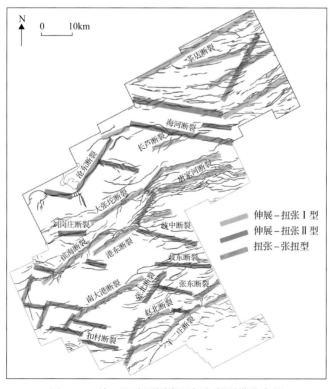

图 3-12 歧口凹陷不同类型复杂断裂带分布图

这些断裂带以主干断裂的走向划分，存在伸展-扭张 Ⅰ 型复杂断裂带 17 个，伸展-扭张 Ⅱ型复杂断裂带 10 个，扭张-张扭型复杂断裂带 18 个。伸展-扭张型复杂断裂带与扭张-张扭型复杂断裂带拥有相似的平面结构，即在主干断裂上盘发育一系列斜交的次级断裂，只是主干断裂与次级断裂间的夹角存在差异。然而，这两类复杂断裂带在剖面上却有着明显的不同，因此亟须对复杂断裂带的变形及成因进行更深入的分析。

第二节　复杂断裂带成因机制分析

断裂是岩石发生剪切破裂作用的结果，而岩石发生剪切破裂基本遵循莫尔-库仑破裂准则，即岩石发生剪切破坏不仅与作用在截面上的剪应力有关，而且还与作用在该截面上的正应力有关。Anderson 指出均匀介质的岩石在应力作用下发生的剪破裂是方位优选的；其中，在最大主应力直立的情况下产生正断层，断层走向与伸展方向垂直，断层倾角一般为 60°左右；在最小主应力直立的情况下产生逆断层，断层走向与挤压方向垂直，断层倾角一般为 30°左右；而在中间主应力直立的情况下产生走滑断层，断层一般为直立。

然而有很多实际地质现象无法用 Anderson 模式来解释，童亨茂等在砂箱物理模拟实验和大量三维地震资料构造解释的基础上，提出了在任意三轴应力状态下(主应力轴倾斜)判定先存构造面发生活动可能性的力学模型"先存构造活动性准则"；在介质中无先存构造面(薄弱面)的情况下，应用莫尔-库仑破裂准则识别断层的形成条件，而在介质中有先存构造面(薄弱面)的情况下，则运用滑动摩擦定律去识别断层的形成条件(图 3-13)。

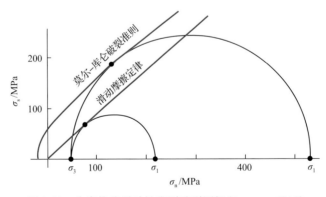

图 3-13　先存构造活动性准则破裂图解(Fossen，2010)

若存在多组不同走向的先存构造，与伸展方向夹角越大越容易复活，而先存构造复活的过程中会形成与先存构造平行或近平行的相关断裂，最后再形成与伸展方向垂直的新生次级断裂，进而组成复杂断裂带(图 3-14)。图中 P_1、P_2、P_3 代表不同方位、不同力学性质的先存构造面；F_1、F_2、F_3 代表先存构造活动直接产生的断裂或控制的断裂(非Anderson 断裂)，其中序号代表断裂形成的先后次序；小断裂是库仑断裂(可能是 Anderson断裂)；伸展量是根据砂箱物理模拟实验推定的。

这样，在一个构造期内，在方向不变的构造作用下，在递进变形过程中可以形成不同方向、活动有先后次序的复杂断裂组合。而断裂组合的复杂程度主要取决于先存构造分布的复杂程度。

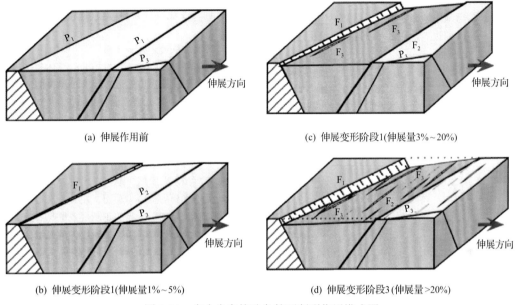

(a) 伸展作用前

(c) 伸展变形阶段1(伸展量3%~20%)

(b) 伸展变形阶段1(伸展量1%~5%)

(d) 伸展变形阶段3(伸展量>20%)

图 3-14　多个先存构造条件下断裂作用模式图

因此，复杂断裂带的成因机制分析应从其所处盆地的区域构造背景出发，基于区域应力场分析。以渤海湾盆地为例，该盆地发育在伸展构造和走滑构造的环境中，断裂活动强烈。不同类型的复杂断裂带在不同地区、不同时期，所受的力学机制不同。在对渤海湾盆地应力场背景、应力特征、应力场作用结果以及应力区的划分等成果基础上，对不同类型的复杂断裂带应力机制进行分析。国内外针对不同伸展方向下断裂变形特征开展了大量的砂箱物理模拟实验，通过实验结果对复杂断裂带成因进行探讨，本次针对歧口凹陷地质特征，构建实验装置，并对实验结果与实际断裂带特征进行对比分析，充分验证其成因机制。

一、模拟实验原理与方法

构造物理模拟是人们在研究构造变形力学机理的基础上发展起来的，它是用简单的模型来再现复杂的构造变形过程，再现漫长的地质演化过程中无法观察到的构造变形。构造物理模拟实验是根据相似性原理，对现今地质构造形成过程和形成机制进行模拟的一种实验方法。

构造物理模拟实验的发展，同样也伴随着实验设备和实验材料的发展与改进。构造物理模拟实验有 190 余年的发展史，大致可分为两个阶段：①初步探索阶段(1814~1900年)，以 1815 年 Hall 千层布模拟地质体为开端，到 1894 年 Willis 开展阿巴拉契亚山脉构造形成机理的物理模拟实验，依据实际岩层的物理性质，优选出软硬特性不一的蜂蜡、熟石膏、黄油三种实验材料，并且研制成功世界上第一台正规的构造物理模拟实验装置。Willis 的杰出工作大大推动了地质科学的发展，使构造物理模拟实验学得以迅速发展，实现了构造模拟实验由简单的形态相似到性质相似的蜕变。②理论突破阶段（1901 年至今），在这一发展阶段中，实验理论实现了突破，不仅建立了应力方程和剪应变方程，实验的技术装置和材料也有了创新。全世界有 300 多种不同驱动力方式、不同尺寸和不同构件组成的构造物理模拟实验装置，并且都应用于地质科学研究中。

几何条件制约着构造变形，一般工程力学问题变形量比较小，现有的力学工具可以很好地解决。但是，在地质学上构造变形的过程中一般都经历了较长的变形时间，而且变形量较大，并且是一个非常缓慢的过程。因此，不能用常规的力学工具对构造上的变形进行解释描述。然而这个缓慢的大变形过程，主要受几何因素的制约。学者用几何学方法计算了铲式正断层上盘的变形样式，得出了和实际十分符合的结果，这说明构造变形主要受几何条件的控制。由于构造变形时间长，变量大，构造物理模拟实验基本上不考虑模型应力的大小。根据研究对象实际地质状况来确定实验模型的边界条件以及力加载方式，然后选择合适的实验材料，研究随应变增加实验模型的变形特征以及构造特征的演化过程，在实验材料的选择上除了需要考虑力学性质的相似性问题外，实验模型的边界条件、应变方式及应变等都是几何参数，因此，构造物理模拟实验实质上就是采用变形几何学的方法，来模拟研究区的实际构造变形样式。大量研究成果也表明构造变形的过程与结果主要受几何因素控制，与岩石的力学性质和应力大小关系较小，这也说明了构造物理模拟实验的方法是研究实际的地质构造变形问题切实可行的方法。

周建勋等（1999）认为，物理模拟实验所研究的构造现象，主要限于地壳岩石的褶曲、断裂等宏观变形现象及变形过程，并不针对那些构造岩石学方法所研究的微观过程。因此，仅需从实验的选择原则考虑相似条件，只要求模型在变形和断裂的宏观表现上与研究对象相似。当模型与研究对象中同类量的比是常数时，称为相似，这个常数称为相似因子（相似常数）。地壳变形和断裂产生的过程，引起变形和断裂的力，以及岩石的物理力学性质，等等，都可以用物理量来描述。在模拟实验中，对其中的每一个物理量都应该选择相似因子。有些相似因子是可以任意选择的，但多数物理量之间具有相互联系的量纲，当选择一定的相似因子后，一些与之相关联的相似因子就被确定而不能任意改变，否则相似性就会遭破坏。相似条件采用"相似因子"的概念来表征，相似因子（C）的定义为模型中的参数与对应的研究对象客观参数的比值，例如长度相似因子 $C_L = L_{模}/L_{客}$，相似因子还包括密度相似因子 C_ρ、重力加速度相似因子 C_g、黏度相似因子 C_η、能量相似因子 C_u、应力相似因子 C_σ、强度相似因子 C_P、时间相似因子 C_t、弹性模量相似因子 C_E 等。

总的来说，实验相似性包括材料相似性、几何相似性和时间相似性。其中各项参数的相似因子有一定的数学关系，总结公式如下：

$$C_\eta = C_\rho C_L C_t$$

$$C_P = C_\rho C_L$$

$$C_E=C_P$$

受限于模型实际操作的条件，首先模型的长度相似因子和时间相似因子必须被固定，通常 $C_L=10^{-4}\sim10^{-5}$，$C_t=10^{-9}\sim10^{-13}$，进一步计算得出 $C_\eta=10^{-15}\sim10^{-19}$，$C_P=10^{-4}\sim10^{-5}$，$C_E=10^{-4}\sim10^{-5}$。

根据上述计算，模拟上地壳脆性地层，应采用松散石英砂作为实验材料；模拟塑性地层，应采用不同黏度的硅胶作为实验材料。而实验模型的尺寸和实验变形持续时间根据盆地原型的参数利用模型相似性公式换算。

针对实际操作，物理模拟实验包括下列步骤。

第一步，实验空间设置。根据实际盆地尺寸，按照 $1:10^5$ 比例缩小得出实验体的尺寸，根据实际盆地情况或实验所需，设置相应的挡板和底板，包括固定挡板、移动挡板、刚性底板、弹性底板、差异变形底板和走滑底板，其中，刚性底板及差异变形底板的刚性部分形状需根据具体实验进行设计，走滑底板的底部斜拉角度 θ_1 和断裂发生角度 θ_2 需根据具体实验进行设定，将具体使用的底板两端与移动挡板连接。

第二步，实验砂体铺设。用干燥石英砂(粒径为 20～50 目)模拟脆性地层，用硅胶材料(黏度 $1\times10^4Pa\cdot s$)模拟塑性地层，按照实际的盆地沉积地层厚度和形态将石英砂和硅胶材料铺设进实验空间。

第三步，实验进行。用计算机控制挡板运动，挤压或拉张实验体发生变形，变形期间可继续向实验体中添加实验材料模拟地层沉积，或者去除一部分实验材料模拟地层剥蚀；实验进行过程中每隔一定时间或一定推拉距离拍照记录。

第四步，实验结束后用药水浸渍实验砂体使之固结，切割实验砂体观察内部剖面，进行实验记录和总结，得出实验结果。

参考实验材料相似性参数表(表 3-2)，复杂断裂带物理模拟实验选用松散石英砂是最为理想的相似材料。选用粒度 100～120 目的干燥石英砂，其内摩擦角约 30°。天然橡胶模拟基底薄弱带(传递伸展变形)，棉布模拟基底不变形部分。模型设计严格模仿实际地质情况，模型比例 1：50000，东—西向伸展。

表 3-2　实验材料相似性参数表

实验材料	材料参数	材料性质	用途
干燥石英砂	粒度 100～120 目，密度约 $1.6g/cm^3$(25℃)	松散，内摩擦角约 30°，内聚力接近于 0	模拟脆性上地壳地层
天然橡胶板	宽度 0.6m，厚度 0.1mm 或 0.2mm	弹性，变形可恢复	模拟基底局部薄弱带
棉布	厚度 0.2mm	受伸展作用只发生弯曲变形不发生伸展，受挤压作用只发生变形不发生收缩	模拟基底不变形部分

二、复杂断裂带物理模拟实例

复杂断裂带物理模拟实验通过东北石油大学地球科学学院断裂控藏实验室自主研发的砂箱物理模拟实验装置来完成(图 3-15)。整套实验装置主要由控制台、实验台两部分组成。控制台由操作系统和显示器组成；实验台上设计了六组移动马达，其中两组固定马达，四组可移动马达。通过控制台控制马达的伸缩，可以完成不同方向、不同角度的拉伸与收缩。

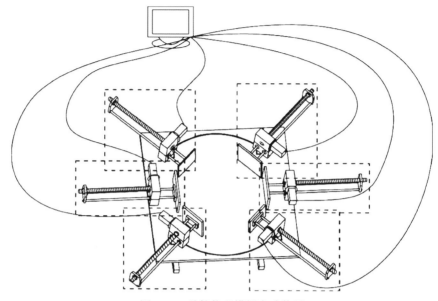

图 3-15　砂箱物理模拟实验装置

该实验装置根据不同地区的地质特征，可以设计完成伸展构造实验、挤压构造实验、走滑构造实验及反转构造实验等基础构造模拟实验，也能够设置刚性、弹性和塑性底板，模拟弥散性变形、局部变形及先存构造控制的变形。实验过程中能够通过单侧光照配合相机记录顶面的变形过程，实验结束后固化砂体，进而观察砂体纵剖面，并记录。

根据最大水平主应力与先存构造的关系，实验预设先存构造，改变伸展方向，进而分析断层形成演化特征，共设计三组不同角度的裂谷伸展实验(表 3-3)。

表 3-3　实验设计方案表

实验组	实验方案	石英砂层厚度
Ⅰ	90°正交伸展	10cm
Ⅱ	60°斜向伸展	10cm
Ⅲ	30°斜向伸展	10cm

实验 Ⅰ 为 90°正交伸展物理模拟实验(图 3-16)。初始阶段，胶皮上方地层轻微下沉，表面未见断裂。随伸展量增加至 2cm，裂谷形态雏形基本形成，裂谷内部有断裂出现在模型表面，这些断裂的走向与伸展方向垂直。当伸展量到达 4cm 时，边界断裂断距累积，断裂长度增加，早期独立的断裂在这个时期开始相互连接。盆地整体分为左右两个沉积区，在盆地中部产生了两条较大的断裂，断裂平直垂直于拉张方向，一条与左边界断裂

对倾，另一条与右边界断裂对倾。

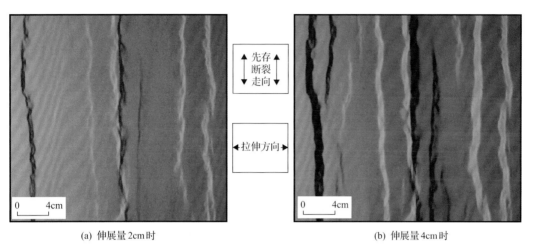

(a) 伸展量2cm时　　　　　　　　　　　　(b) 伸展量4cm时

图 3-16　90°正交伸展物理模拟实验结果（平面）

实验Ⅱ为 60°斜向伸展物理模拟实验（图 3-17）。初始阶段，地层轻微下沉，表面未见断裂。随伸展量增加至 2cm，边界连接成一条断裂，盆地内部开始形成雁列式断裂。盆地内部大部分断裂走向与伸展方向垂直，在靠近边界断裂的断裂发生转向与边界断裂近平行。当伸展量增加到 4cm 时，边界断裂变得更清晰，内部断裂数量增加，盆地内形成几个明显的沉积中心。

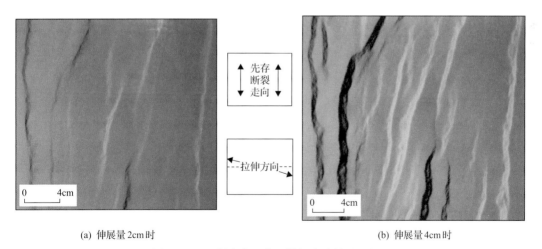

(a) 伸展量2cm时　　　　　　　　　　　　(b) 伸展量4cm时

图 3-17　60°斜向伸展物理模拟实验结果（平面）

实验Ⅲ为 30°斜向伸展物理模拟实验（图 3-18）。初始阶段，地层轻微下沉，表面未见断裂。随伸展量增加至 2cm，边界为短的弯曲的雁列式断裂，盆地内部未形成断裂。当伸展量增加到 4cm 时，盆地内部有断裂出现在模型表面，盆地内部断裂与边界断裂存在明显的分界，盆地内部大部分断裂走向与伸展方向垂直。

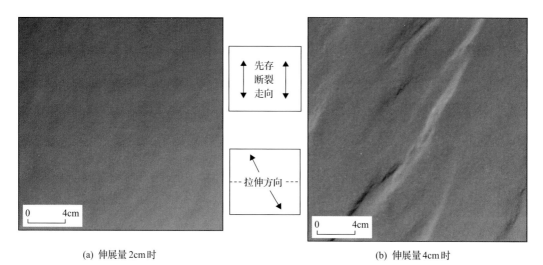

(a) 伸展量2cm时　　　　　　　　　　　　(b) 伸展量4cm时

图 3-18　30°斜向伸展物理模拟实验结果(平面)

通过实验对比，当伸展量达到 2cm 时，实验Ⅰ发育大量盆地内部断裂，实验Ⅱ发育相对少量的断裂，而实验Ⅲ几乎未发育盆地内部断裂；边界断裂的断距在实验Ⅰ最大，实验Ⅱ中较小，实验Ⅲ中边界断裂表现为多个断裂段，仍未连接。当伸展量达到 4cm 时，边界断裂断距持续累加，断距在实验Ⅰ最大，实验Ⅱ较小，实验Ⅲ最小；各组实验中均有断裂带发育，实验Ⅰ与实验Ⅱ较为明显，实验Ⅲ发育规模较弱（主要体现在断裂带中次级断裂的数量与长度）。

以上现象表明，伸展方向与先存构造走向的夹角越大，主干断裂活动性越强，裂谷规模越大，次级断裂发育越明显，断裂带中次级断裂规模较大；而上覆地层厚度越薄，断裂将更早地断穿地层，盆地内部的次级断裂更发育。

将砂箱物理模拟实验结果与歧口凹陷复杂断裂带进行对比，可以看出，近东—西向的歧东断裂在近南—北向的拉伸作用下，主要形成东—西向的次级断裂，次级断裂分布较为均匀，而在歧东断裂的走向拐点处次级断裂发生弯曲，在平面上与主干断裂相连接，次级断裂数量较少，该现象与实验Ⅰ的 90°正交伸展物理模拟实验结果相似。

而北东东向的南大港断裂在近南—北向的拉伸作用下，形成的次级断裂主要与南大港断裂相平行，而断裂带东部的次级断裂随着南大港断裂一起向东—西向转变，次级断裂数量相对于歧东断裂较多，次级断裂发育程度较弱，长度较短，现象与实验Ⅱ的 60°斜向伸展物理模拟实验结果较吻合。

对于北北东向的张北断裂而言，在近南—北向的拉伸作用下，形成的次级断裂主要与张北断裂呈高角度相交，这些次级断裂的走向以东—西向为主，次级断裂数量较歧东断裂及南大港断裂更多，现象与实验Ⅲ的 30°斜向伸展物理模拟实验结果较吻合，如图 3-19 所示。

因此，该实验Ⅰ与歧口凹陷实际地质现象对比证实，歧口凹陷内部的复杂断裂带是与基底断裂走向密切相关的（图 3-20），在近南—北向伸展作用下，近东—西向及北东东向基底断裂形成近平行的次级断裂，说明这两种断裂带属于扭张型复杂断裂带；而北北东向基底断裂则形成高角度相交的次级断裂，说明这种断裂带属于张扭型复杂断裂带。

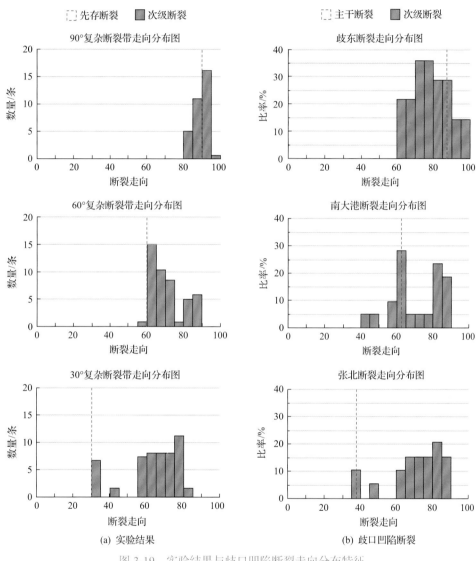

图 3-19　实验结果与歧口凹陷断裂走向分布特征

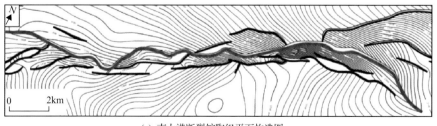

(a) 南大港断裂馆陶组平面构造图

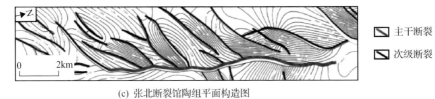

(b) 歧东断裂馆陶组平面构造图

主干断裂

次级断裂

(c) 张北断裂馆陶组平面构造图

图 3-20 歧口凹陷不同复杂断裂带平面构造图

第四章 复杂断块油气藏精细地质评价方法

断裂在断陷盆地成盆到油气成藏的整个过程中都起到了非常重要的作用，具体表现为控制不同层系的有效烃源灶分布，控制砂体输送及展布，控制多层系构造圈闭或构造-岩性圈闭的形成，改造储层，作为油气垂向运移通道，断裂与盖层的耦合关系决定油气富集，成藏期后再活动的断裂将深层油气调整到浅层形成次生油气藏等。对于复杂断块油气藏形成的各个环节，断裂的具体控制作用如何去评价，在对复杂断块油气藏领域及区带的精细地质评价过程中，也需要建立一套相对系统的评价方法。

第一节 复杂断块油气藏评价方法与流程

立足成熟探区复杂断块油气藏，建立断层封闭性定量评价体系，形成复杂断块圈闭的断层封闭能力快速定量评价方法，提高有效性评价精度，实现从静态到动态的流体精细预测，形成复杂断块油气藏井-震-藏一体化精细评价方法与流程，是成熟探区复杂断块油气藏精细勘探现阶段及未来一段时间的主要发展趋势。

一、主要评价方法与思路

(一)复杂断裂带构造划分、成因机制与圈闭评价

综合考虑断裂剖面样式、断裂活动强度、平面应力状态、断裂活动期次、伴生次级构造类型和圈闭类型，建立复杂断裂带精细划分指标体系，系统总结不同类型复杂断裂带的特征。

(1)复杂断裂带特征及划分方案：研究断裂带几何学特征及组合(平面和剖面)模式；厘定断裂带形成期次及形成过程；伴生构造及断裂带属性；建立复杂断裂带特征构造带划分方案。

(2)复杂断裂带类型、模式与成因机制：确定复杂断裂带类型及其分布；总结各个复杂构造带模式，分析共性与差异；立足盆地变形机制，揭示不同类型复杂断裂带的变形过程与成因机制。

(3)复杂断裂带圈闭类型、成因机制及圈闭评价：对不同断裂带圈闭发育的类型进行解剖，以不同断裂带为主线总结圈闭发育模式；基于断裂带变形机制构建不同类型断裂带、地层几何学特征和运动学模式，结合断裂变形性质、分段生长过程和相应地层变形机制分析圈闭的成因机制。

(二)断层封闭性研究与断块圈闭有效性评价

分析断层封闭机理和封闭类型，针对不同封闭类型建立封闭性评价参数体系，建立

不同封闭类型定量评价方法，研究断裂在不同脆-韧性盖层中的变形机制及封闭性控制因素，建立断裂顶部封闭能力评价方法。

(1)断层封闭机理及封闭类型研究。基于典型井岩心观察、描述和系统取样，研究不同层系的微构造类型及特征，在微构造微观结构研究的基础上，结合实验室的微观薄片分析、物性测试、黏土矿物含量测试、含油饱和度分析、原油成分分析等手段，分析断层变形封闭机理和封闭类型，研究断层封闭类型随成岩程度和断裂带性质的变化规律。

(2)不同封闭类型参数体系建立。通过对复杂含油气断块的精细油藏解剖，明确不同层系及不同平面位置的含油气差异性，利用已知油藏的分布规律，明确断层封闭类型，结合控圈断层的几何形态、组合类型、断面岩性对接、三角图、断面SGR分布规律等，系统分析影响不同封闭类型断层封闭性的因素，选择合理的参数体系，通过典型断块油气藏封闭性解剖，建立不同封闭类型评价标准。

(3)断层侧向封闭性定量评价及圈闭烃柱高度定量预测。以三维地震解释和断层质量校正成果为基础，建立三维构造模型，依据不同封闭类型评价标准，针对不同断层性质，建立断层封闭性定量评价方法，明确不同控圈断裂的封闭能力，得出受多个断层控制的复杂断块封闭的烃柱高度，指导勘探目标选择。

(4)断层顶部封闭能力定量评价。开展盖层岩石力学特征测试，分析盖层脆韧性转化过程，研究断裂在不同脆韧性盖层中的变形机制及封闭性控制因素，建立断裂顶部封闭能力评价方法，基于断裂在盖层上下控油性差异，开展断裂顶部封闭能力评价。

(三)复杂断块油气藏精细地质评价与区带目标优选

(1)断裂分段生长过程定量表征及圈闭形成时期。利用"两图(断距-距离曲线图、断层面断距等值线图)一线(平行于断裂走向的地震剖面线)一剥"方法定量表征断裂分段生长过程，准确厘定圈闭类型及形成时期，结合油气成藏时期，厘定圈闭时间的有效性。

(2)输导体系量化表征及优势运移路径预测。研究不同断裂带输导体系类型，利用连通概率原理量化表征断层-(砂体)输导层，基于逾渗原理定量预测油气运移路径，研究圈闭空间的有效性。

(3)成藏期后断裂再活动对油气藏的调整作用。基于盖层岩石脆-韧性阶段分析，结合断裂再活动对盖层破坏程度的定量刻画，分析盖层段的断裂带内部结构类型与特征，选取合理评价方法，分析断裂再活动对油气纵向分布的调整作用。

(4)复杂断裂带圈闭资源量预测与目标优选。利用复杂断块油气藏综合评价技术对复杂断块进行圈闭资源量预测，评价优选有利勘探区带与有利目标。

二、主要核心技术及流程

近年来，科研团队立足成熟探区重大科技项目平台，以渤海湾盆地复杂断块油气藏为研究目标,形成了一套系统的复杂断块油气藏精细地质评价方法。该方法的特点是以断裂带为主线,以"控灶、控运、控圈、控藏"为核心,涉及构造、砂体、输导、成藏等共16项关键技术。

以断裂带为主线就是在复杂断块油气藏精细地质评价过程中,始终要以断裂的样式组合及活动性与封闭性为基础,贯穿复杂断块油气藏的形成与分布研究的整个环节。前提条件就是立足断裂的几何学、运动学与动力学特征,结合砂箱物理模拟技术、构造平衡剖面技术等明确构造成因机制,划分构造变形期次与演化阶段,最后整体把握盆地形成与演化特征、断裂组合与演化特征,为成藏条件与油气富集规律研究奠定基础。

针对断裂控制烃源灶即"控灶"研究,主要是在沉降史恢复(含构造沉降与热沉降)的基础上,开展断裂分段生长定量表征,从而明确洼槽的分割线,精细厘定盆地各层系洼槽的分布。结合主力层系烃源岩地球化学特征以及油源对比等结果,厘定各层系烃源灶的分布,明确灶藏耦合关系。

针对断裂控制油气运移即"控运"研究,主要对断裂、砂体及不整合等油气输导体系,刻画油气优势运移路径。尤其是针对断裂与砂体,分别形成断裂多属性刻画技术与砂体连通性定量表征技术,以定量刻画油气优势运移通道,为评价有利圈闭奠定基础。

针对断裂控制圈闭形成及有效性即"控圈"研究,分别研究圈闭的空间有效性与时间有效性。空间有效性是指圈闭在侧向与垂向上的封闭能力,垂向封闭性主要根据盖层的力学性质(脆性或脆韧性)分别采用不同的方法,侧向封闭性目前主要采用 SGR 方法。最后通过构建过断层压差(AFPD)与 SGR 的图版,明确 SGR 与 $H_{烃\max}$ 的关系,以定量预测断块圈闭最大烃柱封闭高度。

针对断裂控制油气藏形成与演化即"控藏"研究,主要对源外与源内两种情形开展断砂组合控藏分析,源外或远源成藏需要重点开展砂体与断裂组合控制油气优势运移通道的刻画与后期调整保存等分析;源内或近源成藏需要重点开展断砂组合控制油气聚集的分析,研究断裂垂向油气优势运移通道及断块圈闭有效性。"控藏"研究最终是要明确成藏主控因素与油气富集的规律。

在上述研究基础上,开展油气剩余资源预测,明确油气勘探潜力,评价有利勘探区带,最终落实有利目标。

复杂断块油气藏精细地质评价技术方法体系见图 4-1,需要应用的技术有砂箱物理模拟技术、构造平衡剖面技术、分段生长表征技术、盆地模拟技术、油源对比技术、断裂多属性刻画技术、砂体连通性定量表征技术、垂向封闭性评价技术、侧向封闭性评价技术、成藏物理模拟技术、油气藏调整分析技术、三维建模技术、砂体预测技术、资源空间预测技术、区带综合评价技术等。针对部分关键技术的核心内容将在本章后续小节中详细分析。

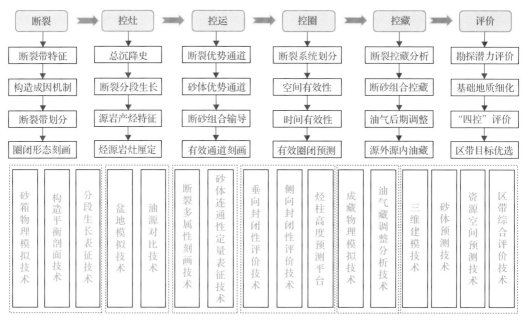

图 4-1 复杂断块油气藏精细地质评价技术方法体系

第二节 断块圈闭的形成及其时间有效性

断裂是断陷盆地断块圈闭形成的重要因素。凡是由断裂遮挡而形成的圈闭，都称为断块圈闭。依据断裂是否构成圈闭边界，将断裂相关圈闭分为自圈、断块圈闭和混合式圈闭（图 4-2）。自圈是指断裂变形过程中形成的背斜型圈闭。断块圈闭则是指断裂构成圈闭边界，依据断裂组合模式可细分四种类型：单一断裂控制的断块圈闭、交叉断裂控制的断块圈闭、侧列断裂控制的断块圈闭和多条断裂控制的封闭断块圈闭。断块圈闭面积由断裂和与之闭合的等高线共同决定，或由闭合断裂圈定。混合式圈闭有两种类型：一是同一断裂控制的断块圈闭和自圈的混合，圈闭顶部为自圈，下部为断块圈闭；二是断块圈闭与岩性体的混合，断裂、闭合等高线和岩性体共同控制圈闭的范围。对于断块圈闭而言，其形成主要取决于断裂生长过程。

一、断块圈闭的形成及其刻画方法

（一）断块圈闭的形成

按照断裂和地层产状的关系，将断裂分为同向断裂和反向断裂。Cloos（1931）定义与地层倾向相同的断裂为同向断裂，与地层倾向相反的断裂为反向断裂；Peacock 等认为与主断裂倾向相同的断裂为同向断裂，与主断裂倾向相反的断裂为反向断裂。构造变形研究中通常使用第二个概念，用以表征断裂序次及变形机制（漆家福等，2006）。断块圈闭、断块油气藏和断层封闭性评价研究中通常使用第一个概念。

圈闭类型		平面模式图	剖面模式图	断裂是否构成圈闭边界及在油气成藏中的作用
自圈	断裂控制的背斜圈闭	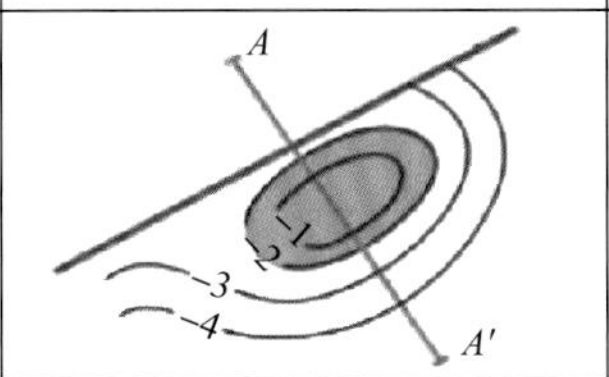	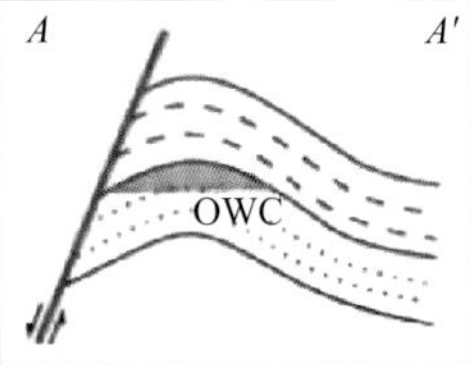	未构成圈闭边界 通道作用
断块圈闭	单一断裂控制的断块圈闭	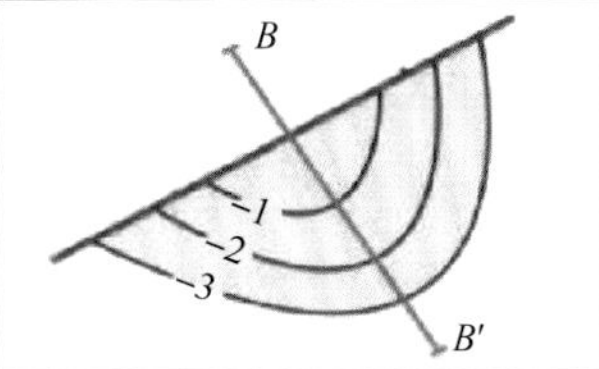	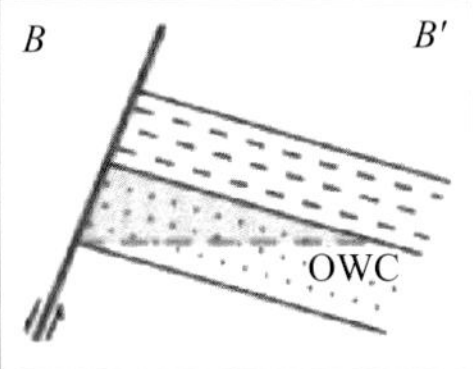	构成圈闭边界 遮挡作用 (主) 通道作用
	交叉断裂控制的断块圈闭	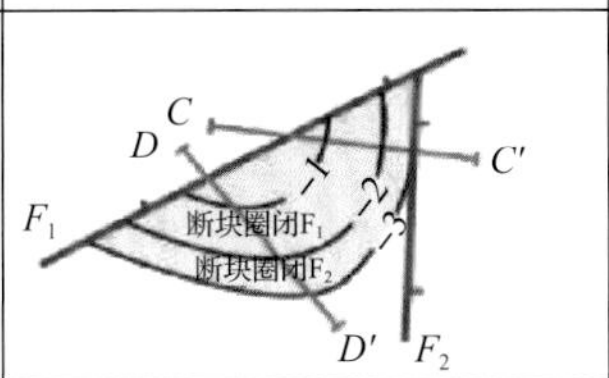	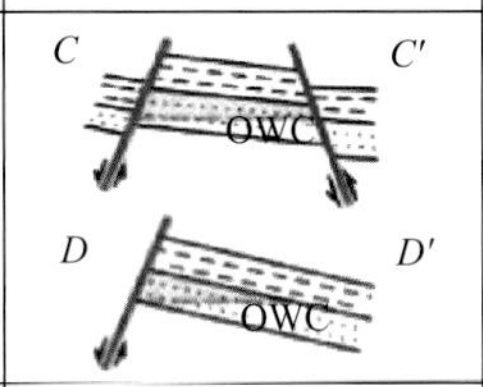	构成圈闭边界 遮挡作用 (主) 通道作用
	侧列断裂控制的断块圈闭	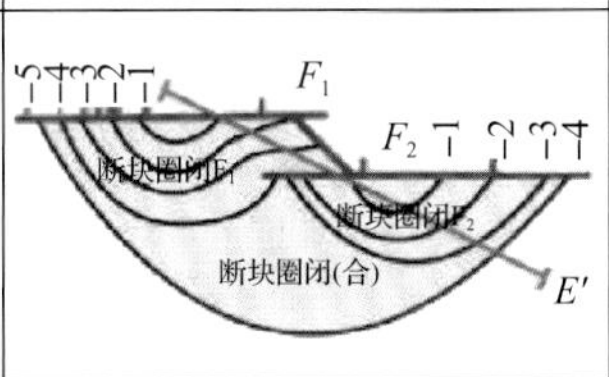	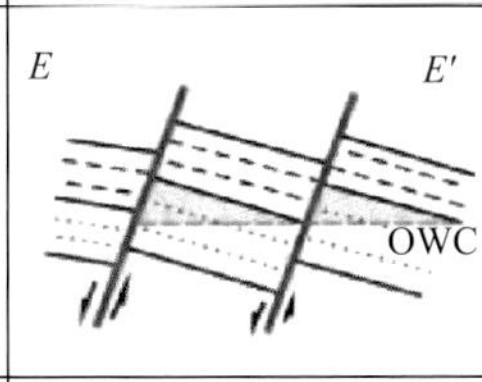	构成圈闭边界 遮挡作用 (主) 通道作用
	多条断裂控制的封闭断块圈闭	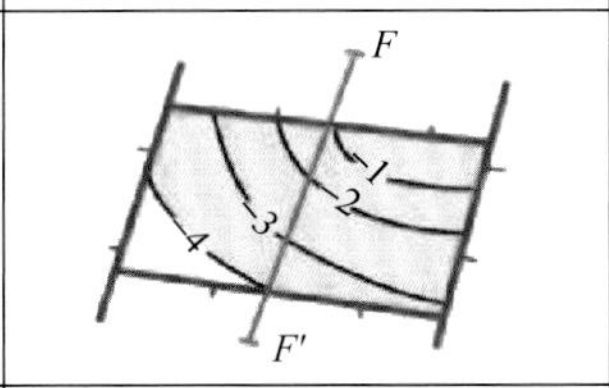	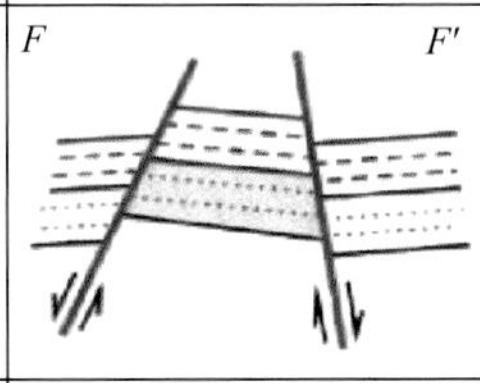	构成圈闭边界 遮挡作用 (主) 通道作用
混合式圈闭	自圈和断块圈闭的复合模式	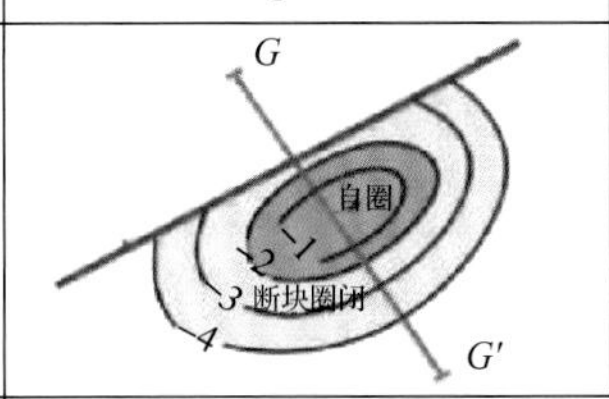	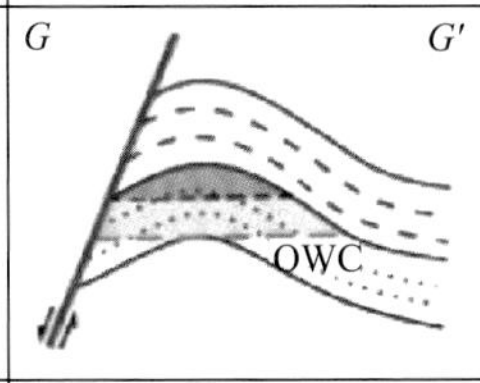	构成圈闭边界 遮挡作用 (断圈) (主) 通道作用
	断裂岩性复合断块圈闭模式	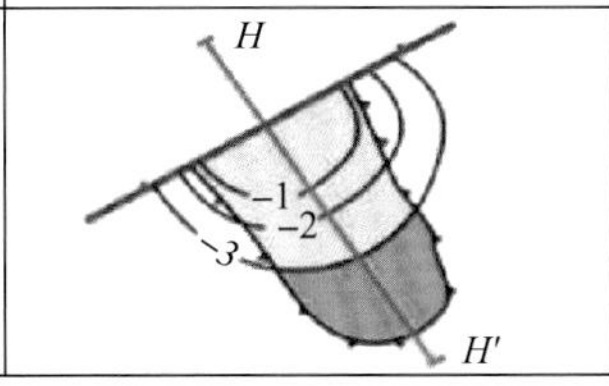	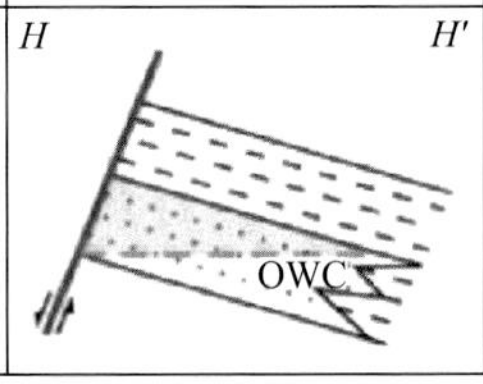	构成圈闭边界 遮挡作用 (主) 通道作用

断裂　等高线　岩性尖灭线　盖层　储层　断块圈闭　自圈

图 4-2　断裂相关圈闭类型及断裂在油气成藏中的作用

断块圈闭的形成是与断裂分段生长息息相关的。断裂分段生长具有普遍性(Peacock，1991)，野外露头、砂箱物理模拟和地震资料解释证实(Fossen，2010)，断裂分段生长经历三个阶段：孤立成核阶段、"软连接"阶段和"硬连接"阶段(形成贯通性断裂阶段)。正断层活动过程中上盘(下降盘)相对下降，而下盘(上升盘)相对抬升，断裂差异活动是导致断裂型圈闭形成的根本原因。对于反向断裂而言，在断裂掀斜作用机制下，孤立断裂下盘相对抬升形成断块圈闭，形成于断裂断距大的位置；上盘地层倾斜方向与斜坡倾斜方向相同，无法形成圈闭。伴随着断裂持续活动，孤立断裂开始分段生长连接，多个孤立断块圈闭逐渐连接形成复合断块圈闭[图 4-3(a)]。对于同向断裂而言，在孤立生长阶段，由于差异活动，同向断裂的上盘和下盘无法形成断块圈闭；伴随孤立断裂分段生长连接，普遍在上盘分段生长点位置发育横向褶皱，从而形成断块圈闭[图 4-3(b)]，即圈闭形成于断裂分段生长的部位。因此，断裂掀斜作用控制反向断块圈闭的形成，而断裂分段生长控制同向断块圈闭的形成。

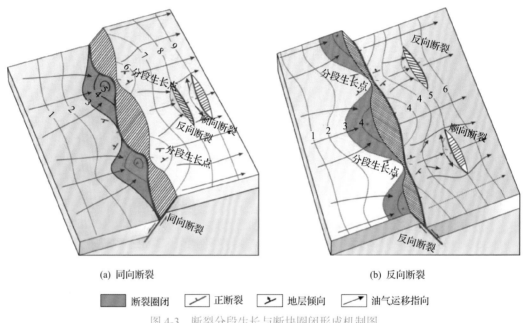

(a) 同向断裂　　　　　　　　　　　　　　　(b) 反向断裂

■ 断裂圈闭　　╱ 正断裂　　╱ 地层倾向　　╱ 油气运移指向

图 4-3　断裂分段生长与断块圈闭形成机制图

(二)断块圈闭的刻画

断块圈闭的刻画首先就是要定量表征断裂分段生长特征，定量识别断裂分段生长特征有多种方法，如断裂走向的变化点通常代表着断裂分段生长的位置，在地震剖面中断裂的垂向交叉也表明了断裂的平面分段生长特征。然而，不同的方法都存在相应的局限性，为了更科学地识别断裂的平面分段生长现象，利用"两图"(断距-距离曲线图、断层面断距等值线图)方法可以很好地表征断裂分段性(图 4-4)。断距-距离曲线图是指沿着断裂走向断距变化的图件，通常用于描述断裂的断距梯度，以便研究断裂的形成发展过程。断距-距离曲线可以有椭圆形、钟形、线形等多种形态。对于分段生长断裂，其对应的断距-距离曲线中的低值点为断裂分段生长点位置，若断距-距离曲线中未出现低值点，则为孤立断裂。之所以低值区为断裂分段生长点位置是由于两条孤立断裂在叠覆过程中，二者相互作用，形成转换斜坡，由于能量消耗在转换斜坡上，断裂断距增长缓慢，断距梯度明显增大，转换斜坡范围的断裂总断距较小，因此，断距-距离曲线中断距低值区为断裂分段生长点位置。

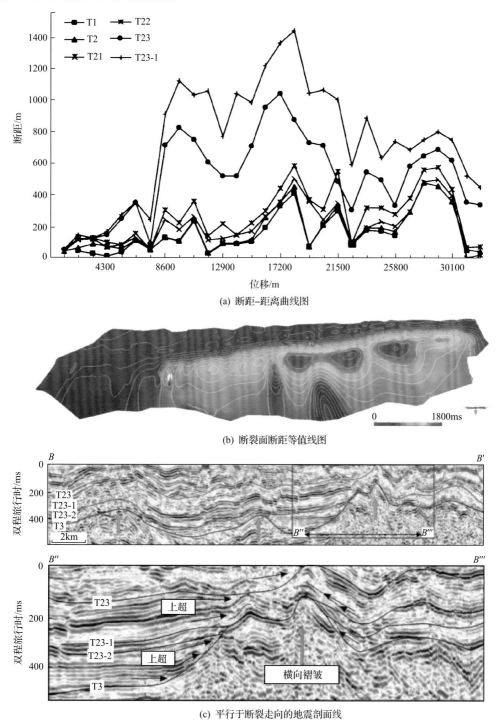

(a) 断距-距离曲线图

(b) 断裂面断距等值线图

(c) 平行于断裂走向的地震剖面线

图 4-4　塔南凹陷 F_2 断裂 "两图" 与断裂分段性识别

断层面断距等值线图是将断层面假想为一个二维平面，体现断距在该平面变化规律的图件。对于分段生长断裂，断层面断距等值线图表现出明显的"鞍部"，"鞍部"所指示的位置为分段生长点。平行于断裂走向的地震剖面线是指沿断裂走向，不同地层与断裂切截线埋深的变化规律。断裂连接过程中，由于沿着断裂走向的位移变化，在断裂上盘连接位置位移小，形成背斜构造，称为横向褶皱，在平行断裂走向测线上表现明显。沿着断裂走向由于断裂位移的变化会使得断裂分段生长位置形成横向褶皱，所以断裂分段生长点在平行于断裂走向的地震剖面线上表现为"隆起区"。利用"两图一线"可以定量表征分段生长点所在的位置，进而确定断裂圈闭发育位置。

由图 4-3 可知，反向断块圈闭形成于断裂下盘最大断距部位，而同向断块圈闭形成于断裂上盘分段生长点的部位。根据同向断裂和反向断裂断距-距离曲线可以看出，同向断裂分段生长点的位置指示圈闭的发育部位，且平行于断裂走向上盘的地震剖面线上在分段生长点部位发育两个横向褶皱(图 4-5)；而反向断块圈闭明显形成于断裂下盘分段生长点之间，且平行于断裂走向下盘的地震剖面线上分段生长点之间发育三个横向褶皱(图 4-6)。

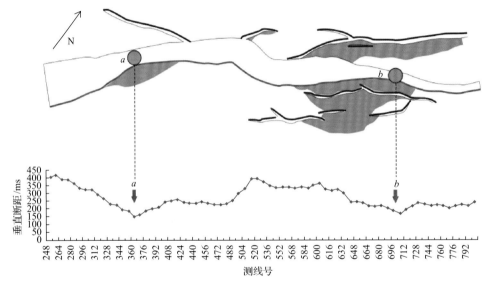

(a) 断圈分布与断距–距离曲线匹配关系

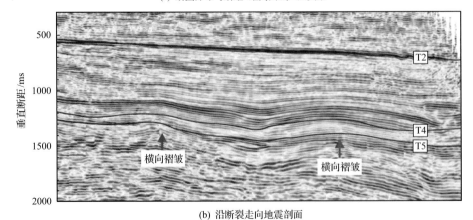

(b) 沿断裂走向地震剖面

图 4-5 高村-高邑地区典型同向断裂分段生长与断块圈闭的形成

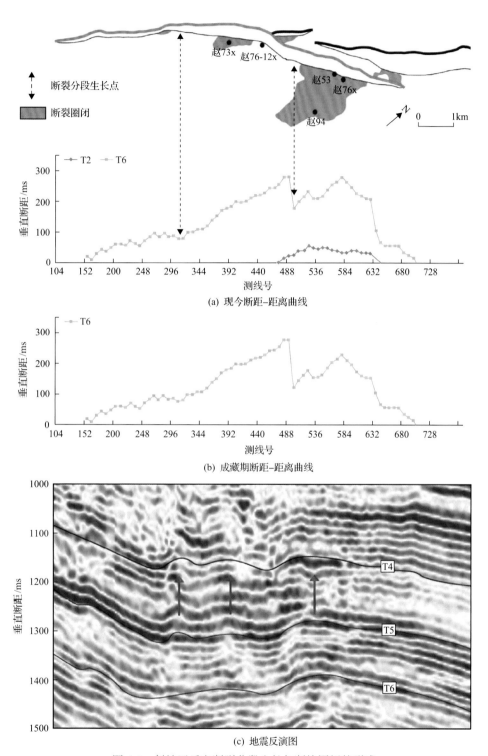

(a) 现今断距-距离曲线

(b) 成藏期断距-距离曲线

(c) 地震反演图

图 4-6 斜坡区反向断裂分段生长与断块圈闭的形成

二、断块圈闭的时间有效性

在油源供给充足的前提下，对断裂空间组合校正后确定存在的断块圈闭，研究断块圈闭形成时间与成藏期的配置关系：油气成藏期之前已经形成的圈闭才有可能聚集油气。断层的生长连接是一个动态的过程，需要恢复不同历史时期古断裂的几何形态和连接过程，进而厘定断块圈闭的形成时间。目前古断距恢复方法主要有两种：垂直断距相减法和最大断距相减法（图 4-7）。

从国内外大量的断层最大位移（D_{max}）与延伸长度（L）的统计数据来看，断层生长连接过程中二者存在明显的指数关系，$D_{max}=\gamma L^n$（其中 γ 表示斜率，是指单位长度下断裂的位移；n 代表指数范围，介于 0.5～2.0）。对于构造成因的断裂 n 取 1（即 $D_{max}=\gamma L$），所以在断裂生长连接过程中，最大位移与延伸长度呈正相关关系，也就是说随着断裂位移的不断累积，断裂持续向两侧延伸。因此，使用最大断距相减法更能符合断裂生长的演化过程（图 4-7）。

由于正断层掀斜作用，反向断裂开始形成，导致在其下盘形成鼻状构造（断块圈闭），即断裂活动期就是圈闭的形成时期，定型于断裂活动终止期，因此反向断块圈闭形成并发展于整个断裂活动期。同向断裂在分段生长连接作用机制下，只有当分段生长断裂开始"硬连接"时才能在上盘形成断块圈闭，即同向断裂开始"硬连接"标志着圈闭开始形成时期（图 4-8）；因此，相同条件下，同向断块圈闭形成时期明显晚于反向断裂。

从断块圈闭的时间有效性来说，首先需要恢复油气成藏期断裂的分布规律，确定该时期是否已经形成圈闭；目前，普遍应用最大断距回剥法恢复断裂形成演化历史（图 4-9），进而落实成藏关键时刻断块圈闭的形成时间。根据冀中拗陷霸县凹陷文安斜坡王仙庄同向断裂现今断距-距离曲线可以看出，圈闭均形成于断裂分段生长点的位置，共发育 7 个分段生长点，在断裂上盘伴生形成 7 个断块圈闭（如图 4-10 所示，分别为①～⑦号断块圈闭）。冀中拗陷主要油气成藏期为东营组末期，根据最大断距回剥法恢复到成藏期断裂断距-距离曲线可以看出，从圈闭时间有效性来说，①、③、④、⑤号断块圈闭是有效的，而②、⑤和⑥号断块圈闭成藏期并未形成，为无效圈闭。实际油气分布表明：①、③、④、⑤号断块圈闭均聚集油气，而②、⑥和⑦号断块圈闭并未聚集油气，且⑥号断块圈闭文 107 井和②号断块圈闭文 123 井有油气显示，这说明至少该断块圈闭为油气运移通道，间接证实了回剥结果的可靠性。同时，也证实了同向断块圈闭形成时期受控于断裂分段生长"硬连接"阶段。

根据束鹿凹陷高村-高邑地区典型反向断裂断距-距离曲线可以看出，圈闭均发育在断裂分段生长点之间，即断裂最大断距处，该断裂发育两个分段生长点，在断裂下盘形成 3 个断块圈闭（图 4-6）。基于最大断距回剥法恢复成藏期断裂断距-距离曲线，认为该条断裂在成藏期仍处于"硬连接"阶段，因此，3 个断块圈闭从形成时间来说均为有效断块圈闭。

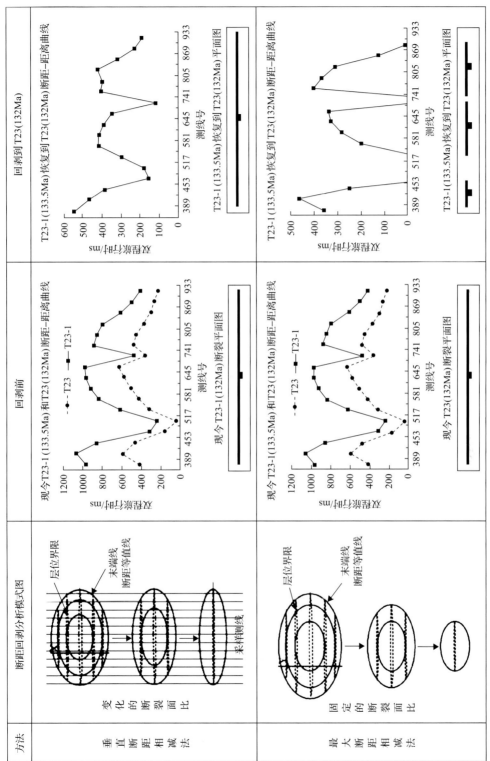

图4-7 断距恢复方法及典型断裂应用效果对比

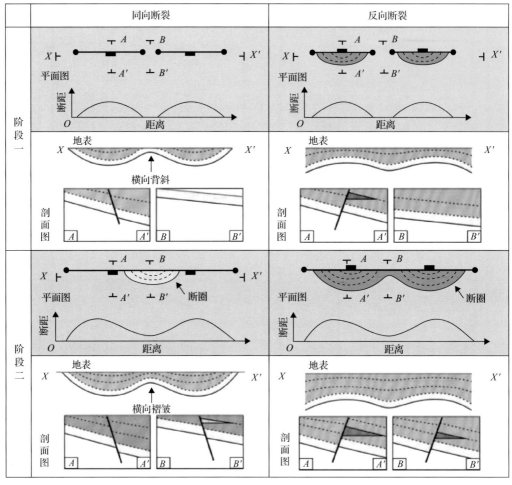

图 4-8 同向断裂与反向断裂的断块圈闭形成演化模式图

第三节 输导体系量化表征及优势运移路径预测

输导体系(pathway system)是指含油气盆地中连接烃源岩和圈闭，油气运移过程中所经历的所有通道网络，包括输导层、断裂、不整合面及其组合。在陆相盆地中以砂泥岩互层为主，由于砂体的非均质性和侧向连通性，不整合面一般很难作为侧向长距离运移的通道，因此，在目前输导体系量化表征研究中，一般针对断裂的垂向输导和输导层的横(侧)向输导研究。优势运移路径(migration trace)是优势运移通道内油气实际发生运移时所占据的空间，一般只占全部输导层的 1%～10%，如果能对优势运移路径进行预测，则抓住了油气运移的行踪，在优势运移路径附近的有效圈闭就是油气勘探重点关注的目标，可见，输导体系量化表征和优势运移路径预测对油田生产部署具有重要意义。

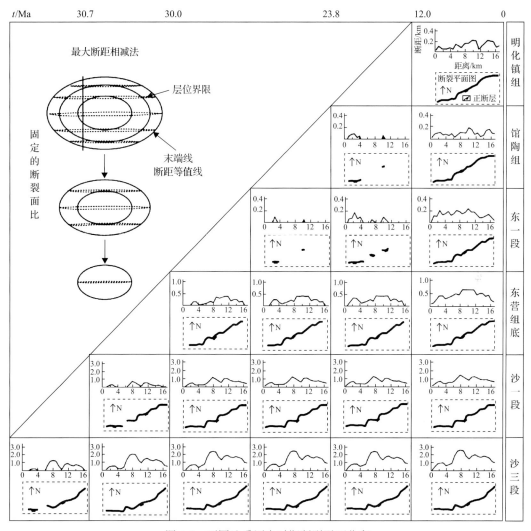

图 4-9 不同地质历史时期断裂平面分布

一、断裂带内部结构及输导通道类型

大量野外露头、岩心、镜下分析等资料表明，张性正断层断裂带一般具有二分结构(图 4-10)，分别是断层核(fault core)和破碎带(damage zone)。断层核是断裂的主要剪切和滑动部位，在断裂形成过程中所受应力最大，吸收了断裂滑动的大部分位移，变形程度最强，发育多种断层岩(主要为断层角砾、断层泥和碎裂岩)。破碎带是指断裂活动时，断层面两侧围岩因应力集中和断层两盘错动而发生变形，产生大量裂缝或变形带的区域，位于断层核外围，主要分布在断裂两侧有限区域或断裂末端应力释放区，以发育与主断裂近于平行或小角度相交的诱导裂缝、变形带或裂缝、变形带网络为特征(图 4-10)。

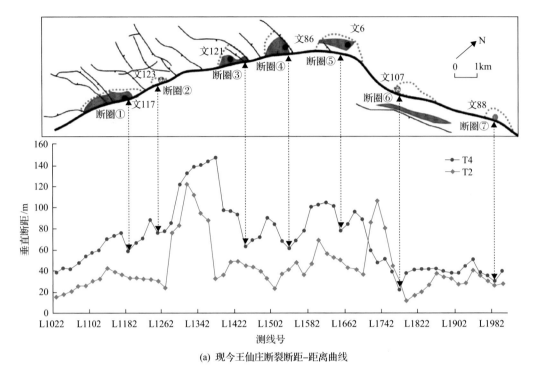

(a) 现今王仙庄断裂断距–距离曲线

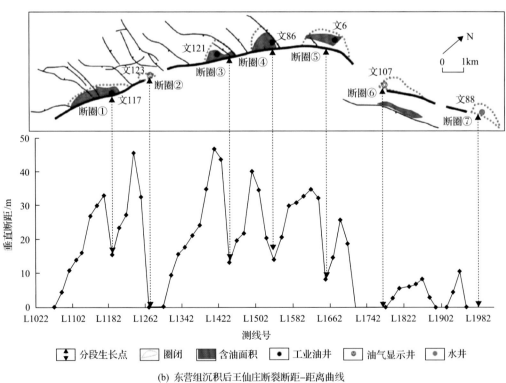

(b) 东营组沉积后王仙庄断裂断距–距离曲线

图 4-10　冀中拗陷霸县凹陷文安斜坡王仙庄(同向)断裂控圈时间有效性分析

对南加利福尼亚州多条断裂研究发现，断层核宽度很窄，小断裂可能仅 2～3mm，大断裂也就 10~20cm 宽，而破碎带规模比起核部较大，宽度为数百米。越靠近断层核变形强度越大，破碎带裂缝规模和密度也越大。随着远离断层核变形程度减弱，破碎带裂缝密度逐渐减小。

前人对断裂带的幕式开启和封闭的研究表明，在断裂的不同演化阶段，断层核和破碎带的渗透率有着较大的差异，因此，在流体周期性流动的不同阶段断裂起着运移通道或遮挡屏障的作用。在断裂活动变形过程中，沿断裂运动引起断层核破裂和碎裂作用以及渗透率增加，断层核作为流体的运移通道[图 4-11(a)]，此时沿断裂垂向的渗透率和穿断裂的渗透率均较高，并以垂向占优。因此，在断裂活动期，流体以沿断层核的垂向运移为主，也可以横穿断层面横向流动。随着断裂活动强度的减弱，流体流动速率降低，断层核内矿物沉淀和颗粒生长减小了断层核内的渗透率(沿断裂垂向渗透率和横穿断裂渗透率均减小)，使其大部分裂缝渗透率低于原岩渗透率而作为流体运移的屏障。破碎带诱导裂缝未闭合时，具备一定的渗透率，可作为主要运移通道[图 4-11(b)]；随着颗粒生长和矿物沉淀的进一步发展，减小了断裂带孔隙度和渗透率并逐渐封闭了整个断裂带，整体作为流体垂向、侧向运移的屏障[图 4-11(c)]；随着构造应力的积累或(和)超压流体的作用，断裂带部分裂隙张开，周围流体再次向断裂带汇聚，直至断裂再活动将开始新的流体流动演化周期[图 4-11(d)]。

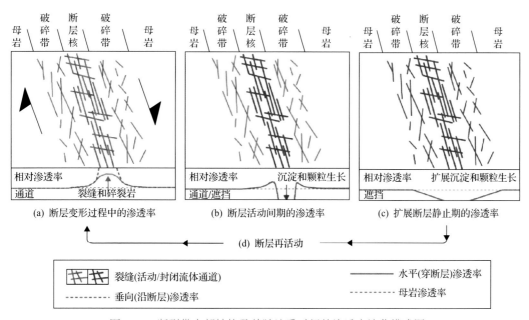

(a) 断层变形过程中的渗透率　　(b) 断层活动间期的渗透率　　(c) 扩展断层静止期的渗透率

(d) 断层再活动

图 4-11　断裂带内部结构及其随地质时间的渗透率演化模式图

二、油气沿断裂垂向优势运移通道

油气优势运移通道(preferential petroleum migration pathway, PPMP)是输导体系研究的核心。运移通道泛指具有一定孔渗能力的介质或输导层，由于输导层的非均质性，油气优先选择高孔渗带(阻力最小)进行运移，因此运移通道内孔渗较好的部分为优势运移通道。对于断裂而言，由于断裂带内部结构复杂、断层面往往凹凸不平，油气并非沿整条油源断裂带均匀运移。根据断裂带内部结构特征及前人对输导体系优势运移通道的定义，可对断裂的垂直优势运移通道进行定义，即断裂带内流体势梯度最大、渗透率最大，并且使油气优先发生汇聚，流动速率最大的有限通道空间。其中，流体势梯度及渗透率是确定断裂优势运移通道的核心因素。

在不同压力系统的盆地以及断裂不同的演化阶段，断裂输导油气的动力、通道类型及机制存在明显不同，导致不同地质环境下整条断裂带不同部位的流体势梯度和渗透率差异较大，也就使得不同地质环境下断裂优势运移通道是不同的，大致可分为以下两种情况。

一是在常压盆地或构造活动较为微弱下，断裂处于活动间歇期，裂缝或孔隙仍未闭合，油气发生运移的主要动力是浮力，断裂垂向运移通道主要受断层面几何形态及流体势影响，可以分为以下三种情况(图4-12)：①平面断层不改变油气运移路径，油气自入口点开始路径保持不变，优势运移通道不明显；②凹面断层使流线向上呈发散状，无优势运移通道；③凸面断层流线汇集形成垂向优势运移通道，显然，断层凸面脊不仅为低势区，而且能使油气发生汇聚，是油气沿断层面运移的优势通道，油气首先向断层凸面脊汇聚，再沿着凸面脊垂向运移。

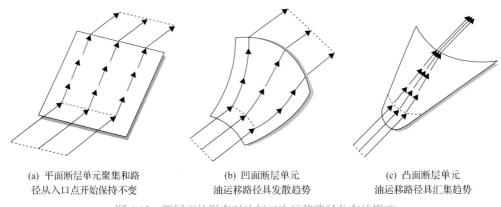

(a) 平面断层单元聚集和路　　　(b) 凹面断层单元　　　　　　(c) 凸面断层单元
　　径从入口点开始保持不变　　　　油运移移路径具发散趋势　　　油运移路径具汇集趋势

图4-12　断层面的形态对油气二次运移路径分布的影响

二是在超压盆地或(和)构造强活动时期，超压、构造应力或者二者联合导致断裂活动开启，此时主要的油气运移动力是超压和构造应力，断裂强烈活动导致裂隙更为发育，渗透空间较大的部位往往是深层油、气、水等流体发生汇聚并向浅层快速排泄的主要通道。野外断层面露头观察和天然地震研究表明，由于岩石能干性差异，断裂的破裂和活动明显受断层面形态影响。在断裂活动之前发生应力集中，破裂时滑动量较大的断层面上的凸起部位称为凹凸体(asperity)，主要由阶步等演化而来(图4-13)，由于该部位应力集中、裂缝发育且滑动量相对断裂其他部位较大，在岩石破裂过程中起到"发生器"和"制动器"的作用，并作为激发流体活动的关键部位。因此，通过岩石力学、断裂滑动机制和构造演化等刻画的断层面凹凸体是断裂活动时期潜在的优势运移通道。

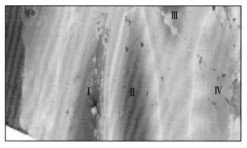

(a) 野外断层面凹凸体

(b) 激光扫描断层面凹凸体(Ⅱ、Ⅳ)

图 4-13 野外观察和激光扫描的断层面凹凸体分布

断层面凹凸体与传统观点所说的"断面脊"既有共同点,又有差异。共同之处是二者都为凸起的低势区,是油气在运聚过程中发生汇聚的区域;不同之处是凹凸体具有力学成因,是由于断裂两侧岩层的能干性差异,破裂滑动过程中由阶步等演化而来,不完全是贯通整个断裂的脊状构造,虽然也是长轴方向沿断裂滑动方向的椭圆形凸起,但也有一部分是断层面局部分布的近圆形或透镜状构造,反映了断裂破裂过程中的非均匀性变化,更真实地反映断层面形貌。

第四节 断层封闭性机理及圈闭聚集能力

断层封闭性研究自 20 世纪 80 年代飞速发展。近年来,定性到半定量化的断层封闭性研究在我国逐步展开。我国学者强调分析时应动静态资料相结合,宏观分析与微观研究相结合,初步形成了多种因素综合评述又考虑地质因素影响的研究方法。目前已认识到影响断层封闭性的主要因素有:地应力作用方向和大小,断层走向和倾角,断层与地层产状的匹配关系,断层埋深、断距及活动速率,断层面几何形态及断裂带宽度,断层组合类型和活动方式,断层面两侧砂岩对接概率,泥岩厚度、泥岩层发育程度及泥质含量,断裂活动期与油气运聚期的匹配关系。断层封闭能力主要取决于断裂带物质及断裂两盘的岩性对接关系,断层面封闭机理主要为毛细管封闭,封闭能力与断裂带的毛细管压力有关。

一、断层封闭机理与封闭类型

在油气勘探和开发过程中,断层对油气运移可以起到通道作用、封闭作用以及通道-封闭复合作用。断层的封闭能力决定了断层对油气起到的控制作用。而断层的封闭机理和封闭类型研究是断层封闭能力评价的基础,因而有必要从断裂带内部结构出发,分析断层对流体起到封闭作用的原因,以及影响断层封闭能力的地质因素,从而为断层封闭类型判定和断层封闭能力定量评价提供理论支撑。

(一)常规储层内断裂带内部结构

在常规储层断裂带中(Fossen,2010),断层岩为碎裂岩系列,破碎带中发育变形带(图 4-14),即在局部压实、膨胀或剪切作用下,由颗粒滑动、旋转及破碎形成的带状微构造(Fisher and Knipe,2001),随着离断层核距离增加变形带密度越来越小,当变形带密度与区域变形带密度一致时,标志着破碎带终止,断裂带整体为低渗透性的,断层核和破碎带具有侧向封闭能力,滑动面为流体垂向运移通道。变形带与裂缝相比,其为流体运移的遮挡物,而裂缝通常为流体运移的通道。为了揭示高孔隙性储层内断裂带内部结构特征,在渤海湾盆地束鹿凹陷部署了一口穿越断裂带的井,并在断裂带附近进行了系统取心,断层核内发育泥岩涂抹、泥岩角砾和碎裂岩(图 4-15),砂岩破碎带内发育变形带(图 4-15),微观特征显示为碎裂带(图 4-16),泥岩破碎带内发育裂缝(图 4-16、图 4-17),变形带密度随距离断层核增加而逐渐降低。压汞实验结果表明(图 4-17),变形带排替压力为 1.8~2.5MPa,母岩排替压力为 0.24~0.60MPa。

对比高孔隙砂岩储层和低孔隙火山岩储层断裂带内部结构,主要存在三方面的差异:一是高孔隙砂岩内断裂带断层核发育碎裂岩和泥岩涂抹,具有较强的封闭能力,而低孔隙火山岩内断裂带断层核发育无内聚力角砾岩,不具有封闭能力;二是断裂在高孔隙砂岩内伴生的微构造为变形带,排替压力比母岩高 1~2 个数量级,在低孔隙火山岩内伴生的微构造为裂缝,排替压力比母岩低;三是油气沿高孔隙砂岩内断裂带运移的主要通道是滑动面,在低孔隙火山岩内断裂带断层核和破碎带均是油气运移的通道。

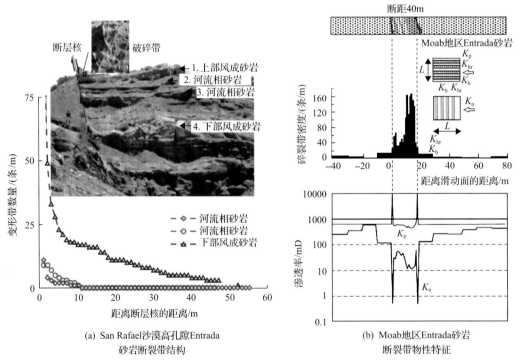

(a) San Rafael沙漠高孔隙Entrada
砂岩断裂带结构

(b) Moab地区Entrada砂岩
断裂带物性特征

图 4-14 高孔隙性砂岩内断裂带结构及物性特征

K_p 为平行变形带的渗透率;K_b 为碎裂带渗透率;K_n 为垂直变形带的渗透率;K_{hr} 为母岩渗透率

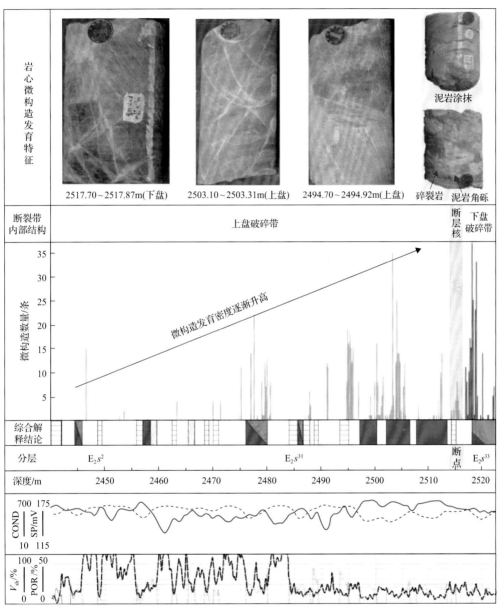

图 4-15　渤海湾盆地束鹿凹陷晋 93-41x 井钻遇的断裂带内部结构特征

COND 代表该井感应测井曲线；SP 代表该井自然电位测井曲线

(二)泥质岩盖层内断裂带内部结构

中国东部裂陷盆地盖层主要为较厚的泥质岩和膏盐岩，封闭能力遵循膏岩、泥岩、碳酸盐岩和砂岩依次变差的规律，膏岩、泥岩和碳酸盐岩均能封闭住几千米的烃柱高度，盖层毛细管封闭能力不是圈闭失利的主要因素。随着埋藏深度增加，泥岩经历更复杂的脆-韧性转化过程。对于含油气盆地而言，尽管很难定量判断泥岩脆性和韧性变形转换的深度。但一般来说，随着埋藏深度增加，泥岩逐渐从脆性向脆-韧性和韧性转化。三轴压缩试验研究表明，含油泥岩在围压 12MPa 之后转换为脆韧性(图 4-18)。而抬升过程发生变形，韧性泥岩又会逐渐向脆性转变。在大多数沉积盆地的围压范围内页岩的密度在大致小于 2.1g/cm³ 情况下只发生韧性变形而不会发生脆性破裂。如果页岩的密度大于 2.1g/cm³，在足够的应变下将发生脆性破裂。Corcoran 和 Dore 利用密度和破裂时的应变

图 4-16　渤海湾盆地束鹿凹陷晋 93-41x 井破碎带内变形带微观结构特征

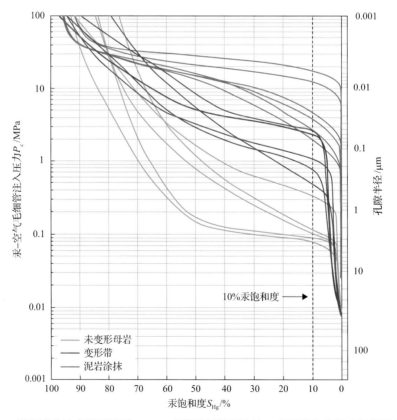

图 4-17　渤海湾盆地束鹿凹陷晋 93-41x 井断层核泥岩涂抹、变形带和母岩毛细管压力特征

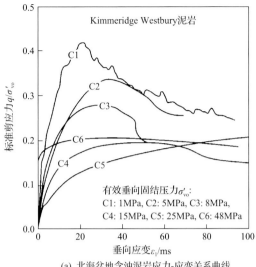

(a) 北海盆地含油泥岩应力-应变关系曲线

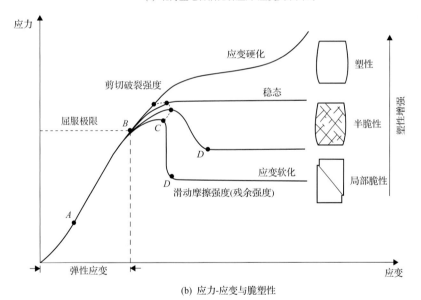

(b) 应力-应变与脆塑性

图 4-18 岩石应力-应变关系曲线与脆塑性

定量判断泥页岩脆-韧性转化过程(图 4-19),脆性阶段,密度大于 2.5g/cm³,破裂前应变小于 3%;过渡阶段,密度介于 2.4～2.25g/cm³,应变介于 5%～8%;韧性阶段,密度小于 2.25g/cm³,应变大于 8%。

断裂在泥岩内的变形机制主要为破裂作用,产生大量裂缝,伴随着应变增强,断距增大,裂缝密度越来越大,当形成的裂缝网络连通后,渗透率突然增加(图 4-20),油气穿越盖层运移,形成的断层核多数充填断层泥。Holland 等对超固结成岩阶段泥岩内断裂带进行解剖,发现不同成岩阶段泥岩断裂所形成的断层泥特征存在差异,超固结成岩阶段泥岩断裂时产生大量裂缝,之后发生碎裂作用,开始形成渗透性很高的断裂(图 4-21),伴随软的断层泥产生,断层封闭能力越来越强(图 4-21)。

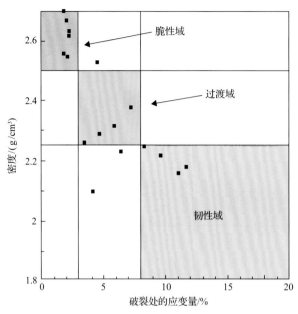

图 4-19　利用泥岩密度和破裂时的应变判断泥页岩脆韧性

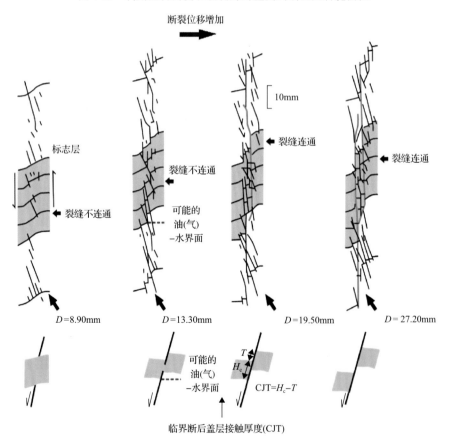

图 4-20　断裂在泥岩盖层内的变形机制及评价方法

H_c 为盖层厚度；T 为断裂断距；D 为位移

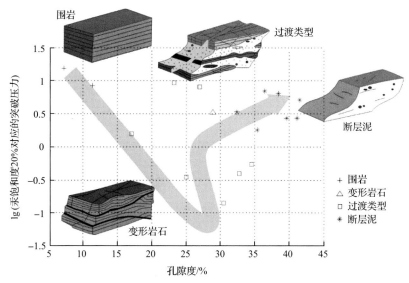

图 4-21 断裂在脆性泥岩的变形机制及突破压力

处于脆-韧性变形阶段的泥岩韧性很强，与其他岩性存在很大的能干性差异，断裂变形通常形成典型的涂抹结构。Peacock 等综合前人研究认为，围岩富泥物质沿着断层面分布，即涂抹。早期对泥岩涂抹的描述主要针对生长断层，断裂变形深度不超过 50m。Lindsay 等重点研究了成岩后断裂变形导致的泥岩涂抹作用，证实了在未固结、半固结和固结的砂泥层序中均可形成泥岩涂抹。泥岩涂抹主要有三种类型：研磨型、剪切型和注入型。可决定断层垂向封闭能力的为剪切型泥岩涂抹，其形成与断裂导致泥岩拖曳作用有关，主要发育在较低的砂泥岩比率的地层中，在韧性剪切带中由于泥岩层向断裂带流动而形成(图 4-22)。这种泥岩涂抹是最常见的类型，不断被物理模拟实验、数值模拟、野外露头和钻井所证实。

(三)封闭机理与类型

1. 断层封闭机理

断裂对圈闭内的烃类具有控制作用，形成断层封闭性。而根据前人的研究，断层封闭机理分为毛细管封闭。Purcell 对毛细管压力进行了实验和理论推导，利用压汞实验等方法总结了毛细管压力原理(图 4-23)和理论计算公式[式(4-1)]。由于岩石一般具有亲水性，所以毛细管压力指向油气质点(油珠或油气泡)方向。当断裂带的孔喉半径小于周围原岩孔喉半径时，其孔隙产生的毛细管压力要比周围原岩储集层毛细管压力大得多(图 4-23、图 4-24)，此时对于油气质点来说，从储集层的大孔隙进入断裂带小孔隙受到两个毛细管压力作用，储集层大孔隙产生的毛细管压力指向断裂带方向，试图将油气质点推入断裂带的小孔隙，而断裂带或对盘的小孔隙产生的毛细管压力指向周围原岩储集层方向，阻止油气质点进入断裂带，而此时两个力的合力为断裂带毛细管压力差[式(4-2)]，即过断层压差(AFPD)。

图 4-22　松辽盆地嫩江组一段泥岩涂抹(吉林四平)

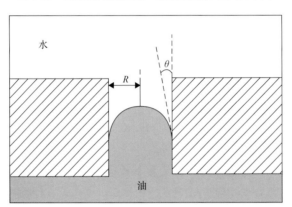

图 4-23　毛细管压力封闭机理图

R 为孔喉半径；*θ* 为润湿角

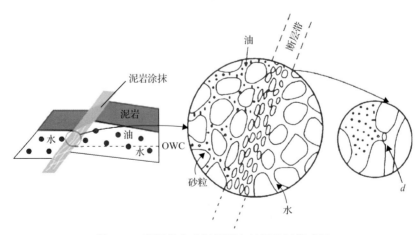

图 4-24　断裂带内毛细管压力封闭油气模式图

d 为孔隙吼道直径

$$P_c = \frac{2\delta\cos\theta}{R} \tag{4-1}$$

$$\Delta P_c = 2\delta\cos\theta\left(\frac{1}{R_m} - \frac{1}{R_s}\right) \tag{4-2}$$

式中，P_c 为毛细管压力，N；δ 为界面张力，N；θ 为润湿角，(°)；R 为孔喉半径，cm；ΔP_c 为毛细管压力差，N；R_m 为断裂带孔喉半径，cm；R_s 为原岩孔喉半径，cm。

当断裂带或对盘孔隙半径小于围岩孔隙半径，则毛细管压力差方向指向周围原岩储集层方向，这一毛细管压力差阻止油气进入断裂带内或对盘，使油气不能侧向运移。因此断层之所以能形成有效的封闭，本质在于断裂带或对盘具有比储层更小的孔喉结构，形成了背向断裂带的毛细管压力差，进而阻止油气侧向运移进入断裂带内，此种断层封闭机理为毛细管压力封闭。

2. 断层封闭类型

断层侧向封闭性实质为本盘岩石与断裂带或对盘岩石之间的物性特征差异，而根据断层周围原岩和断错情况以及断裂变形机制的不同，形成三种断层封闭类型(图 4-25)：

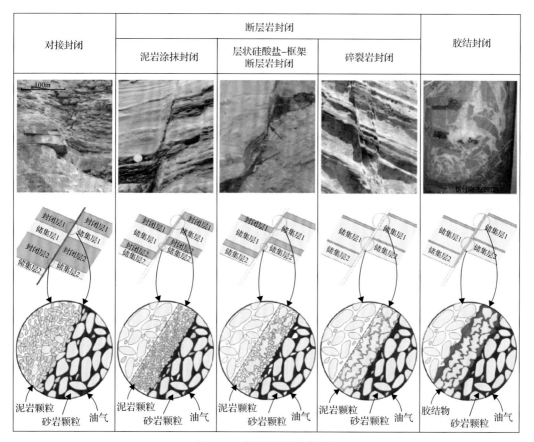

图 4-25 断层封闭类型分类

对接封闭(juxtaposition seal)、断层岩封闭(fault rock seal)和胶结封闭(cementation seal)。其中断层岩封闭又分为碎裂岩封闭(cataclastic rock seal)、层状硅酸盐-框架断层岩封闭(phyllosilicate-frame rock seal)和泥岩涂抹封闭(clay smear seal)三种类型。

(1)对接封闭:当断层发生断错后,出现储集层与泥岩等封闭层对接,由于封闭层的毛细管压力大于储层毛细管压力,形成对接封闭,此种封闭类型假设断层为二维形态,依赖于断层面岩性和断距大小,而非取决于断裂带的渗透能力。而当储层与储层对接,则油气通过断层发生侧向渗漏。由于泥岩等低渗透层具有较高的毛细管压力,所以通常认为此类型对接断层为封闭的。

(2)断层岩封闭:此种封闭类型与对接封闭不同,断层为三维构造体,断裂带包括断层核和破碎带。断层错断时,断裂带内发生颗粒碎裂等原岩变形,形成具有较高渗透能力的断层岩,进而阻止油气侧向运移,封闭能力主要取决于母岩岩性、断裂变形过程等(图4-26)。

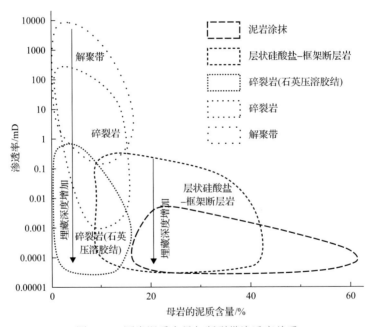

图4-26 原岩泥质含量与断裂带渗透率关系

碎裂岩封闭:当断错地层泥质含量或层状硅酸盐含量小于15%时,是纯净砂岩变形的结果,包括颗粒的转移、重排、旋转、破碎、粒径等变化以及压实、沉淀、胶结等作用。Knipe根据不同的成岩阶段把碎裂岩封闭分为三种类型:弱成岩碎屑岩、部分成岩碎屑岩和成岩碎屑岩。弱成岩碎屑岩断层变形孔渗特征与母岩相似,无明显的破碎,封闭能力很弱或不具备封闭能力。部分成岩碎屑岩断层变形发生颗粒破碎、粒径减小,有一定的压实作用,封闭能力较弱。成岩碎屑岩断层变形发生颗粒破碎,有效应力加剧了石英压溶作用,使断层岩封闭能力增大。

层状硅酸盐-框架断层岩封闭:当断错地层泥质含量或层状硅酸盐含量介于15%～40%时,是不纯净砂岩变形的结果,包括压实作用和泥岩等的混合作用,很少有颗粒破碎情况。泥质物质填充断裂带内的孔隙空间，使其孔渗能力低于周围原岩。当埋深增加时，化学压实作用出现的概率增大，进而降低断裂带的渗透能力，增加该类型的封闭能力。

泥岩涂抹封闭：当断错地层泥质含量或层状硅酸盐含量大于40%时，在断层面上形成连续的泥质等涂抹，使断裂带渗透能力急剧降低，从而阻止油气侧向运移。根据不同的形成机制，涂抹类型又分为研磨型、剪切型和注入型。

(3)胶结封闭：断层发育过程中，断裂带内会形成一系列裂缝等空间，这些空间被矿物沉淀填充，形成各种胶结物，从而降低断裂带的渗透能力，形成胶结封闭，目前胶结封闭的定量研究仍为断层封闭性研究的难点。

二、断层封闭性定量评价方法

(一)垂向封闭性评价技术

断裂对盖层的破坏程度主要取决于断裂断距和盖层厚度的相对大小。如果断裂断距大于盖层厚度，盖层被断裂完全错开，使盖层失去空间分布的连续性，下伏的油气可从断开处发生向上散失，断裂对盖层完全破坏；如果断裂断距小于盖层的厚度，断裂虽可将盖层错断，使有效厚度减小，但盖层并未失去横向连续性。那么根据盖层厚度与断裂断距的相对大小可建立一套断裂对盖层封闭性破坏程度的定量评价方法。

吕延防等(2008)根据有效断接厚度与所能封闭的最大气柱高度的关系，可以应用断距、倾角和盖层厚度来预测圈闭中油气的充注程度。断裂带内的排替压力是反映被断裂破坏后盖层封闭能力的关键因素。当盖层遭到断裂破坏但未使盖层完全错开时，如果断裂带内的盖层封闭能力降低可以看作是因其上覆沉积载荷重量被减小使其压实成岩程度降低，造成孔渗性变差，封闭能力降低。那么盖层被断裂前后封闭能力降低的幅度是由其压实成岩所受压力的变化造成的。通过盖层岩石所受的骨架压力和断裂带内盖层岩石压实成岩所受压力的求取，便可计算断裂对盖层封闭能力的破坏程度。最终对被断裂破坏后盖层的封闭能力进行评价。

稳定的断裂更容易保持封闭状态，断裂再活动会使早期形成且固结的断层岩产生裂缝，如果裂缝存在支撑条件，断层封闭能力就会减弱或完全失去封闭能力，从而形成高效输导通道。油气藏形成后，地质历史时期的断裂再活动会破坏原始油气藏，可将油气调整到浅层形成次生油气藏或完全散失。Meyer 等通过 Vulcan 盆地三维地震数据证明，在构造演化过程中应变逐渐向最大的断裂汇聚，最终导致断裂再活动，而较小的断裂由于应变减弱，其生长速率逐渐减小，最终可能停止生长。基于现今和古油气分布情况与构造演化的对比，再活动的断裂对不同几何形态的断块圈闭中的油气具有不同的调整或破坏作用。当再活动的断裂位于断块的上倾方向时，即断裂圈闭内的构造高点临近再活动的断裂，原始油气藏将沿着断裂运移至完全散失；而当再活动的断裂位于断块的下倾方向，即断裂圈闭内构造高点位于相对静止的断裂上，原始油气藏中的油气部分得以保存，烃柱高度受控于断裂渗漏点的位置(图 4-27)。

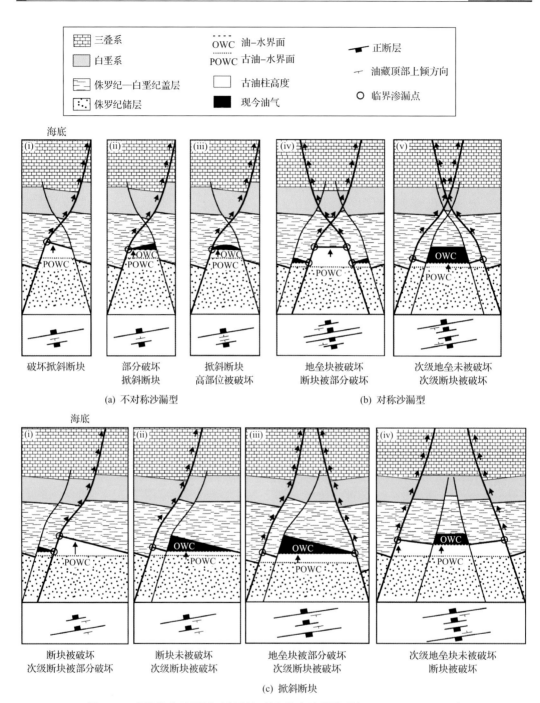

图 4-27 帝汶海盆地再活动断裂与现今及古油藏关系(Gartrell et al.，2006)

断层垂向封闭性决定着油气纵向"层楼式"富集，目前断层垂向封闭性评价方法主要有以下五种。

(1)断接厚度法：基于裂缝垂向连通程度受控于应变(盖层厚度和断距的大小函数)的大小，提出断接厚度的概念来定量表征裂缝垂向连通性，即平行于断层面的盖层厚度与目的层断层位移的差值，该值越大，裂缝垂向导通能力越差(图4-28)。该方法适用于脆性盖层条件。

断裂演化阶段	盖层内形成孤立的裂缝	断距增大裂缝连通形成断裂	断裂未断穿盖层	上下两套断裂系形成	断裂在盖层内形成剪切型泥岩涂抹	泥岩涂抹因断距增大失去连续性	断裂未断穿盖层
断裂–盖层组合模式	裂缝		DZ DZ FC	DZ DZ FC	DZ DZ FC	DZ DZ FC	DZ DZ FC
变形阶段	I₁	I₂	II₁	II₂	II₃	II₄	III₁
	脆性域(I)		脆–韧性过渡域(II)				韧性域(III)
垂向封闭性	取决于临界断接厚度		取决于临界SSF				垂向是封闭的

图4-28　不同脆韧性盖层段断裂垂向封闭性评价方法

(2)泥岩涂抹系数(目的层断距/泥岩厚度)：可以预测涂抹的发育程度(Lindsay et al., 1993)。多数学者认为泥岩涂抹的连续性受控于SSF的大小，对于规模较大的断层(断距大于15m)，泥岩涂抹保持连续性的临界值较小，一般为4～8。泥岩涂抹系数越大，越容易导致油气垂向调整或破坏，该方法适用于脆-韧性盖层条件。

(3)临界净增断距法：是指成藏期再活动断裂断距的净增量，断裂再活动过程中断距累积，应变增强，从而发生油气垂向调整渗漏作用。Christopher等提出应用临界净增断距法定量表征其垂向封闭性；如帝汶海盆地，当净增断距<60m时，圈闭油气保存，当净增断距>60m时，圈闭完全破坏，油气发生调整散失，这一现象同时被GOI数据所证实(图4-29)。该方法适用于海相稳定沉积环境且盖层厚度分布稳定的条件。

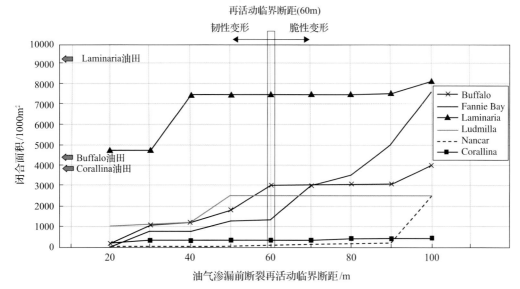

图4-29　帝汶海盆地临界净增断距法评价垂向封闭性

(4)临界应变法：断裂再活动过程中应变增强，易导致油气垂向渗漏。主要存在两种类型断裂，一种是再活动正反转断裂，由于挤压反转作用，导致断裂反转再活动，破坏了早期的封闭条件，产生大量裂缝，形成垂向渗漏的通道。另一种是多期交叉再活动的正断层。裂陷盆地普遍表现为多期断裂活动，导致再活动断裂与老断裂相交，断裂交叉点部位应变较大，且应变集中，增强流体流动性，因此，易于成为油气垂向渗漏点，因此提出临界应变法定量评价断层垂向封闭性。典型实例为澳大利亚西北大陆架帝汶海Skua 油田。

(5)临界输导系数法：是指成藏期净增断距与目的层盖层厚度的比值，该值越大，越易调整破坏，典型实例如冀中拗陷束鹿斜坡，临界输导系数为 1.14～1.22，这一现象被QGF 数据证实(图 4-30)。

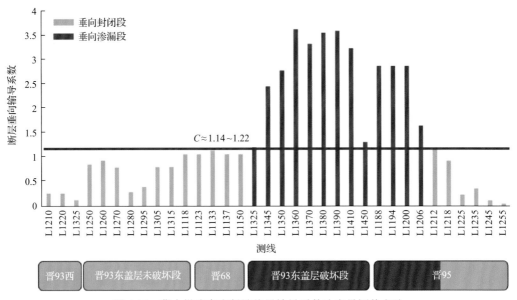

图 4-30　冀中拗陷束鹿斜坡临界输导系数法定量评价方法

(二)侧向封闭性评价技术

1. 对接封闭评价技术

无论断裂带内部结构、断层核中断层岩性质如何，只要断层一盘渗透性地层与另一盘非渗透性地层对接，断层侧向是封闭的，这种模式适用于正断层、逆断层和走滑断层，也适用于各种沉积环境地层。对接封闭可利用 Allan 图(断层面岩性对接图)和 Knipe 图(三角图)进行评价。

1) Allan 图基本原理及编制

1989 年，Allan 在研究墨西哥湾沿岸三角洲油气与构造关系的过程中提出了断层构造内的油气运移和圈闭模式，以预测哪一类闭合度构成圈闭的可能性大以及这些圈闭所能容纳的油气数量，开启了断层封堵评价的先河。Allan 在断层研究工作中提出了著名的 Allan 图解，又称"断层面图"。

断层错断岩层时，沿断层走向断距是变化的：断层中心断距最大，向两侧逐渐减为零。可以依据地震解释数据中断层断距的变化及断层两侧岩性的关系，将上下盘同时投影到断层面上，就形成了 Allan 图。通过绘制 Allan 图，我们可以清楚地知道断层两侧的岩性并置关系。

2）Knipe 图编制

利用测井资料计算地层泥质含量，编制泥质含量随深度变化的曲线；根据泥质含量曲线区分砂岩、泥岩及过渡性岩层(泥质含量大于50%为泥岩，小于15%为砂岩，14%～50%为泥质砂岩或粉砂质泥岩)，并把这些小层作为编制 Knipe 图的基本单元；依据岩性划分结果，编制 Knipe 图(图 4-31)；依据岩性对接和该区域内断距的变化，预测这种对接条件下断裂带的 SGR 值；依据 SGR 值判断断层岩的类型，当 SGR＜15%时，为碎裂岩；SGR 为 15%～50%时，为层状硅酸盐-框架断层岩；SGR＞50%时，为泥岩涂抹；提取 SGR 与断层断距数据，编制 SGR 与断层断距交绘图，根据实际封闭断层的 SGR 分布，确定断层封闭所需 SGR 下限值，进而判断风险断距的分布；依据风险断距，结合断层位移-距离曲线对断层侧向封闭性进行快速定性评价。

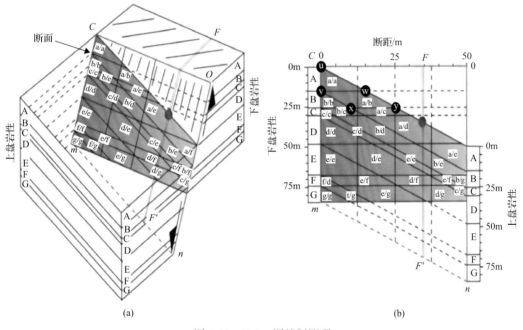

图 4-31　Knipe 图编制原理

断块油气藏范围内，对于对接封闭的断层，最小断距位置发育的同层砂岩对接决定油(气)-水界面，最大断距位置则决定烃柱高度(图 4-32)。岩性对接封闭评价方法适用于评价断层的侧向毛细管封闭能力，砂岩和泥岩对接能够形成很强的侧向封闭能力，对应的断层侧向封闭压力为对盘泥岩的排替压力。但对于断层面砂岩和砂岩对接的部位则不能简单地将其判定为侧向渗漏，需要进一步评价断层岩的类型和物性特征。

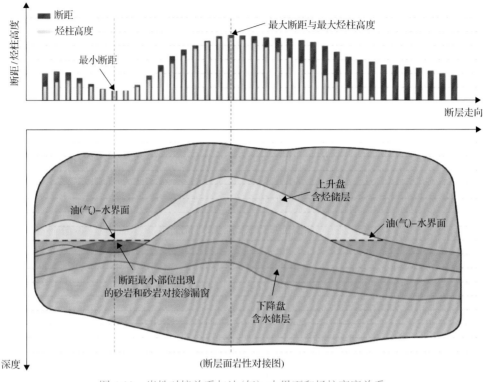

图 4-32 岩性对接关系与油(气)-水界面和烃柱高度关系

2. 断层岩封闭评价技术

断裂变形过程中卷入断裂带中并受变形影响形成的岩石，称为断层岩，当断层岩排替压力大于储层排替压力时形成的封闭条件，称为断层岩封闭。Gibson 认为断裂带中发生泥岩涂抹或者泥质混入，将直接导致断裂带渗透率降低，毛细管压力增大。此时，断层形成的有效封闭取决于断裂带与储层的毛细管压力大小。断裂带泥质含量越高，断层封闭能力越强(图 4-33)。

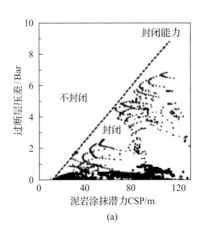

(a)

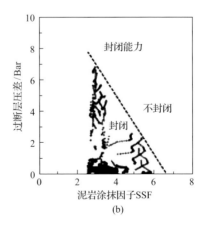

(b)

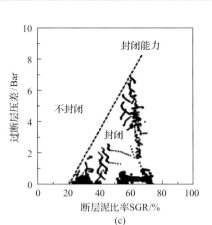

图 4-33　过断层压差与断裂带泥质含量参数关系(Yielding et al., 1997)

1bar=10^5Pa；1psi=1lbf/in^2=6.89476×10^3Pa

　　在无法通过岩心直接观察断层岩类型的情况下，通过预测断裂带中泥质含量可间接判断断层岩类型。研究表明，当断裂带泥质含量小于 15%时通常为碎裂岩，介于 14%～50%时为层状硅酸盐-框架断层岩，大于 50%时为泥岩涂抹，且随着泥质含量增加断层岩封闭能力越来越强，因此，合理预测断层两盘岩性对接及断裂带填充物泥质含量成为断层侧向封闭性研究的核心内容，泥岩厚度和断距共同约束断层泥比率的大小。目前存在多种计算方法，如 SSF、CPS 和 SGR。野外定量表征这些计算方法，结果与实际测试的断裂带中泥质含量误差最小的为 SGR，即断层形成过程中，原岩地层滑过断裂带内任意一点累积泥岩厚度与该点断距的比值[图 4-34,式(4-3)]，表达断裂带内该点的泥质含量。

$$SGR = \frac{\sum(V_{sh} \cdot \Delta Z)}{D} \times 100\% \tag{4-3}$$

式中，ΔZ 为原岩地层厚度，m；V_{sh} 为原岩地层的泥质含量，%；D 为计算点断距，m。

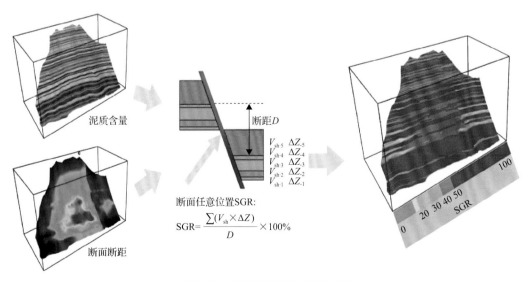

图 4-34　断层泥比率计算模式图

Yileding 在 1997 年将过断层压差(即断层封闭能力)与断裂带内泥质含量参数的关系进行系统表征,总体上随着断裂带泥质含量增加,断层岩封闭能力呈现增强的趋势,为断层岩封闭性定量评价提供基础。过断层压差指同一深度断裂带内水的压力与储层中烃类压力的差值,此压力差值代表了此时断裂带支撑的烃柱高度所需的压力差值,即断裂带此时的封闭能力。由于断裂带内水压力资料难以获得,所以利用断层两侧同一深度流体压力差来近似代表过断层压差。断层两侧井压力数据能够提供断层面任意深度流体的压力差值,当井压力数据缺乏时,根据岩石中烃类的密度与水的密度可分别获得烃类与水的压力变化梯度,再结合烃-水界面深度,最终确定断层面两侧任意深度过断层压差(图 4-35)。

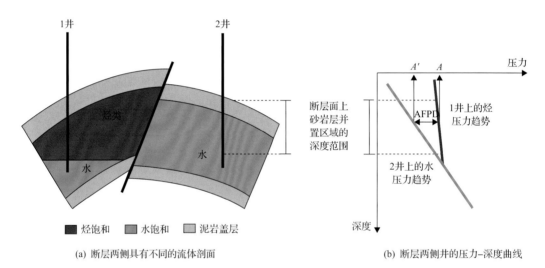

(a) 断层两侧具有不同的流体剖面　　　　　　(b) 断层两侧井的压力-深度曲线

图 4-35　过断层压差计算原理图(Bretan et al., 2003)

1997 年 Yielding 利用断层泥比率与过断层压差进行标定,统计了多个区块的结果,确定了断层泥比率与过断层压差的断层封闭失败包络线(图 4-36),在不同的埋深范围确定不同封闭失败包络线趋势,并总结拟合出断层泥比率与过断层压差的定量关系公式[式(4-4)],式中参数根据深度范围以及地层条件不同,取值不同:

$$AFPD = 10^{\left(\frac{SGR}{d}-C\right)} \tag{4-4}$$

式中,AFPD 为过断层压差,MPa;SGR 为断层泥比率,%;d 为变量参数(介于 0~200),不同地层不同层位取值不同;C 为与深度相关的参数,当埋深小于 3000m 时,C=0.5,埋深在 3000~3500m 时,C=0.25,当埋深超过 3500km 时,C=0。

油气开始渗漏时圈闭油气的浮压等于断层面支撑的过断层压差,式(4-4)和式(4-5)联立,进而推导出断层泥比率与烃柱高度的定量关系[式(4-6),图 4-37]:

$$P_{浮} = \rho_{\text{w}} - \rho_{\text{o}} \tag{4-5}$$

$$H = \frac{10^{\left(\frac{SGR}{d} - C\right)}}{(\rho_w - \rho_o)g} \tag{4-6}$$

式中，$P_浮$为圈闭油气浮压，Pa；H为断层面某点支撑的烃柱高度，m；SGR为断层泥比率，%；ρ_w为地下水的密度，g/cm³；ρ_o为储层中烃类的密度，g/cm³；g为重力加速度，m/s²；C为与深度相关的参数，当埋深小于3000m时，C=0.5，当埋深在3000～3500m时，C=0.25，当埋深超过3500km时，C=0；d为与实际地质条件有关的变量，不同盆地、同一盆地不同区带存在差异，获取d值或标定该公式有以下两个途径。

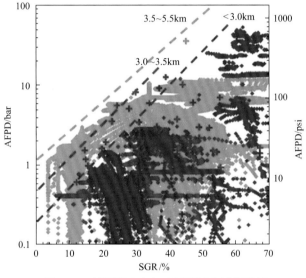

图4-36　断层泥比率与过断层压差标定图版

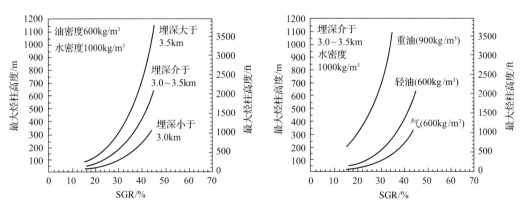

图4-37　断层泥比率与断层支撑烃柱高度定量关系

1ft=3.048×10⁻¹m

一是在滚动勘探开发区块，利用断层两盘压力差资料进行标定，建立断层泥比率与其所能支撑的最大烃柱高度的函数关系。基于已钻探油藏断层封闭能力进行量化，确定断层两盘压力差与断层泥比率，建立定量关系。通过对研究区目的层段已钻探油藏断层的封闭能力进行解剖，分析控圈断层是否具有封闭能力，若断层两侧流体压力具有明显差异，则可以确定该断层起到了分隔流体的作用，即具有一定的封闭能力，若油藏油-水界面完全受控于断层封闭能力，则断层两盘流体压力的差值代表了断裂带所具备的封闭能力大小。通过建立控圈断层两盘的深度-压力剖面，明确每个断块圈闭起到封闭作用的控圈断层两盘流体压力差值——过断层压差(AFPD)，与对应深度的断层泥比率(SGR)，并投点到同一坐标系内，利用统计学方法得出 SGR-AFPD 外包络线，拟合出表征该区块断层封闭能力的过断层压差随断层泥比率变化的关系式，并可以确定出断层封闭临界断层泥比率的下限值。根据实际地下烃类密度和地下水密度，利用过断层压差与所支撑的烃柱高度的关系，可得出烃柱高度与断层泥比率的定量表征模型。

二是在早期评价区块，没有更多的断层两盘压力差资料，只能根据油藏已知的油-水界面间接标定公式。假定研究区 d 为一定值，根据实际断层泥比率在控制油藏断层中的分布而计算得出所能封闭的最大烃柱高度和油-水界面，如果该计算值与实际油-水界面吻合，那么这个假设的 d 值就标定了其研究区的断层面所支撑的最大烃柱高度与断层泥比率的相互关系。选择国外 TN 盆地为重点解剖对象，其中 B 圈闭为标定对象，该圈闭为典型的断块圈闭[图 4-38(a)]，构造圈闭的幅度为 300m，最大闭合等高线为-1300m，油-水界面为-1840m[图 4-38(b)]，厘定断层面两盘对接关系，计算断层面断层泥比率[图 4-38(c)]，计算各点支撑的最大烃柱高度[图 4-38(d)]，作出各点支撑烃柱高度随深度变化的散点图[图 4-38(e)、(f)、(g)]，外包络线上任何一点代表该深度断层面支撑的最小烃柱高度，包络线上的最小值就是断层所能封闭的最大烃柱高度。A 圈闭受 F4、F5 和 F6 三条断层控制，分别计算各断层所能支撑的最大烃柱高度并转化成油-水界面，当 d 为 70 时，计算的烃柱高度为 210m，与实际烃柱高度吻合(表 4-1)，从而建立了该盆地目的层断层封闭最大烃柱高度与断层泥比率的关系。

断裂带是具有断层核和破碎带的三维地质体，而断裂带内的泥质含量也具有非均质性，因此不同深度断裂带位置的断层泥比率或者封闭能力会呈现明显差异性。随着烃类在圈闭内的聚集，烃类质点所受到的浮力逐渐增大，当烃类质点所受浮力与此深度断裂带毛细管压力差相等时，烃类继续充注则会导致油气在此位置发生侧向渗漏(图 4-39)。

在断层面上同一水平深度处，渗漏点可能为最小断层泥比率位置，而整个断层面渗漏点由水平渗漏点的深度与其所支撑的烃柱高度决定。根据此原理，利用断层泥比率与烃柱高度的定量关系，可得到整条断层所控制的油-水界面深度和支撑的最大烃柱高度(图 4-40)。

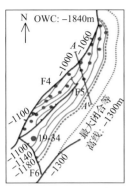

(a) B圈闭油层顶面构造图

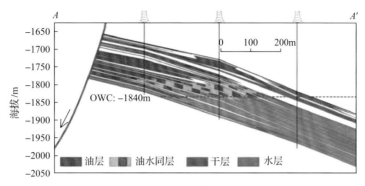

(b) 油藏剖面

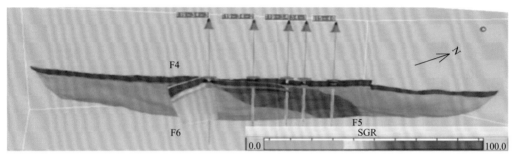

(c) 断层泥比率分布图

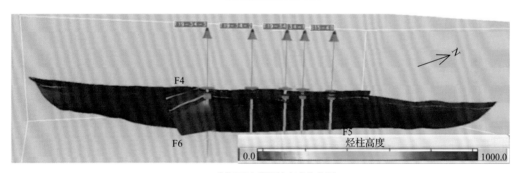

(d) 断层面支撑烃柱高度分布图

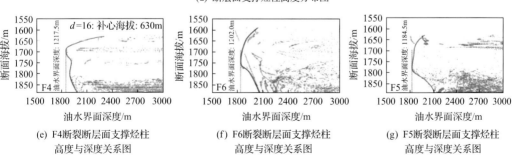

(e) F4断裂断层面支撑烃柱　　　(f) F6断裂断层面支撑烃柱　　　(g) F5断裂断层面支撑烃柱
　　高度与深度关系图　　　　　　高度与深度关系图　　　　　　高度与深度关系图

图4-38　TN盆地B圈闭特征及断层侧向封闭能力评价系列图

表 4-1 假定不同 d 值断层封闭决定的油-水界面与实际油-水界面对比

圈闭名	油-水界面/m	控圈断层侧向封闭性分析			
		参数 d	断裂名	控圈范围/m	预测油-水界面/m
A 圈闭	−1184	10	F5	−1200～−1020	−1275.9
			F4	−1200～−970	−1119.4
			F6	−1040～−1020	−1688.8
		12	F5	−1200～−1020	−1239.8
			F4	−1200～−970	−1322.4
			F6	−1040～−1020	−1270.9
		14	F5	−1200～−1020	−1217.5
			F4	−1200～−970	−1284.6
			F6	−1040～−1020	−1246.7
		16	F5	−1200～−1020	−1202.0
			F4	−1200～−970	−1217.5
			F6	−1040～−1020	−1184.5
		18	F5	−1200～−1020	−1193.7
			F4	−1200～−970	−1179.5
			F6	−1040～−1020	−1149.5
		20	F5	−1200～−1020	−1171.2
			F4	−1200～−970	−1155.6
			F6	−1040～−1020	−1125.8

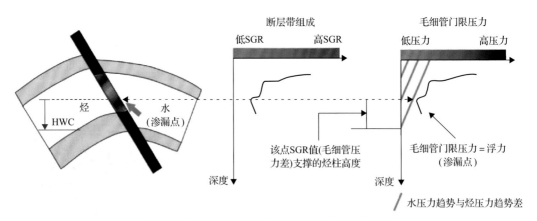

图 4-39 断裂带渗漏点、毛细管压力与浮力关系

HWC 为烃-水界面

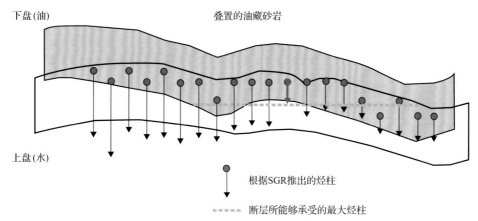

图 4-40　断层面支撑最大烃柱高度模式图

第五节　成藏期后断裂再活动对油气藏调整作用

我国含油气盆地具有典型"多期生烃、多期成藏"的特点，表现为"层楼式"富集特征，形成多套含油气系统。含油气系统理论最早是由 Magoon 和 Dow 提出的，是指从源岩到圈闭的过程；相继发展形成了"二级构造带控油""复式油气聚集带控油""立体勘探油气""断-盖共控油气富集"等理论；油气勘探理论和实践均表明断裂和盖层是控制油气纵向跨层运聚的关键因素。不同岩性的盖层排替压力测试表明：盖层自身封闭能力较强，渗漏风险极低。因此，油气纵向"层楼式"富集的关键是断裂-盖层的配置关系。含油气盆地经历多期构造变革，断裂较发育，形成大量断块油气藏；再活动断裂是圈闭完整性失效或调整运聚成藏(纵向多层系富集)的重要原因之一。

一、断裂活动时期与油气成藏时期的耦合关系

断裂再活动是指先存断裂在应力场作用下沿断层面再次滑动的现象。在统一构造应力作用下，众多先存断裂中只有部分发生活动，或者单条断裂中只有局部活动，先存断裂的复活受断裂产状、超压、应力状态等多种因素影响。根据诱导方式差异将再活动断裂划分为两种类型，一是由固体矿开采、火山作用、潮汐作用和板块运动等引起地应力变化诱导；二是由流体注入和采出诱导，一方面会直接影响断层面的有效应力，另一方面使局部应力场发生改变，从而诱导断裂再活动，在气体埋存、注水开发及断裂滑动引起套损等方面受到越来越多的关注。

本次应用前者分类，从油气成藏角度，根据断裂活动性与油气成藏期的关系，将油气成藏期之后活动的断裂称为再活动断裂，进一步划分为两种类型：一是持续活动的正断层；二是反转再活动的断裂。油气勘探实践表明：断裂对流体流动起到至关重要的作用，其中，断裂再活动是油气藏调整和破坏的关键，是油气勘探开发风险性评价的重要因素。尽管断块圈闭破坏的机制存在争议，但构造活动是油气泄漏的直接原因；在帝汶海盆地，断裂再活动被认为是圈闭失效的主要机制，但断裂再活动是具有选择性的，并

非整条断裂都起到垂向调整作用，存在临界渗漏条件。在三维地震中，经常观察到与再活动断裂相关的流体包裹体数据和泄漏有关的特征，该现象证实了断裂再活动控制油气调整、破坏。因此，油气纵向"层楼式"富集的关键是断裂-盖层的配置关系，断裂在不同脆韧性盖层段变形机制存在差异（付晓飞等，2012），定量评价盖层脆韧性是研究再活动断裂破坏盖层机理的重要基础。

二、断裂再活动对油气垂向富集差异性的控制作用

稳定的断裂更容易保持封闭状态，断裂再活动会使早期形成且固结的断层岩产生裂缝，如果裂缝存在支撑条件，断层封闭能力就会减弱或完全失去封闭能力，从而形成高效输导通道。油气藏形成后，地质历史时期的断裂再活动会破坏原始油气藏，可将油气调整到浅层形成次生油气藏或完全散失。

基于现今和古油气分布情况与构造演化的对比，再活动的断裂对不同几何形态的断块圈闭中的油气具有不同的调整或破坏作用。当再活动的断裂位于断块的上倾方向，即圈闭内构造高点位于再活动断裂上，原始油气藏将沿着断裂运移至完全散失；而当再活动的断裂位于断块的下倾方向，即圈闭控圈高点位于相对静止的断裂上，原始油气藏中的油气部分得以保存，烃柱高度受控于断裂渗漏点的位置。

油气藏油-水界面的变化记录了油气藏形成以后调整、改造甚至破坏的历史，恢复各地质时期的古油-水界面的位置，可以帮助我们恢复流体成藏之后的变迁、调整过程，认识油气藏的形成、分布规律。流体包裹体是油气成藏历史研究中最为重要的对象，可以有效恢复古油-水界面，为油气成藏历史研究奠定基础。目前，最常用的评价方法有以下两种。①包裹体丰度（gains containing oil inclusion，GOI）是指碎屑岩（碳酸盐岩）中含油包裹体颗粒所占比例，用于记录原始油藏的充注历史。根据300多口井油田包裹体数据分析，建立了应用GOI技术确定古油-水界面的方法，当GOI＞5%时，储层为油层，当GOI＜1%时，储层为水层，当1%＜GOI＜5%时，储层为运移通道（图8）。该方法需要有鉴定包裹体的专业技能，人为因素大，且观察统计范围有限，不能反映储层全貌。②储层定量荧光技术（quantitative fluorescence technique），用于快速检测储层颗粒内部油包裹体及颗粒表面吸附烃的荧光光谱和荧光强度等信息，反映储层颗粒内部烃类包裹体丰度及储层的含烃饱和度；该技术可以有效识别储层含油气性，判别古油层、现今油层及水层（Liu et al.，2007），分析油气性质，追踪油气运移路径等，具有快速、简便、经济、灵敏度高、检测荧光波段长、所需样品量少等优点，具有广泛的适用性，包括QGF、QGF-E、QCF+、TSF等系列技术。有效判识古油藏、现今油层及残余油层的技术主要有两种。一是储层颗粒定量荧光（quantitative grain fluorescence，QGF）技术，通过测量岩石颗粒表面及岩石内部包裹体中烃类流体发出的荧光强度来确定古油柱位置。QGF强度越大，油包裹体丰度越高，原始含油饱和度越大，可作为识别古油层的标志。通过对大量已知的现今油层、古油层和水层的QGF检测表明：当QGF＞4时，普遍为油层；当QGF＜4时，则为运移通道或水层。二是储层萃取液定量荧光（quantitative grain fluorescence on Extract，QGF-E）技术：通过测量储层颗粒表面吸附烃萃取液的荧光强度来识别现今油层

或残余油层，可用于勘探和钻井评价中现今油层或残留油层的判定。研究表明，现今油层 QGF-E 强度通常大于 40pc，而水层样品的 QGF-E 强度多数情况下小于 20pc（Liu et al.，2007），当 QGF-E 强度介于 20～40pc 时，普遍为油气运移通道。值得注意的是，不同地区的 QGF 和 QGF-E 强度界限值应有所不同，通常油-水界面附近存在一个 QGF 或者 QGF-E 强度突然变化的拐点（Liu and Eadington，2003；Liu et al.，2007）。

一般来说，同一个油气藏中储层物性变化不大时，由于油水分异作用，会出现从油藏顶部到底部，QGF 和 GOI 逐渐减小的趋势，进入水层后 QGF 和 GOI 突然变小并保持一致（图 4-41），据此可识别古油-水界面。

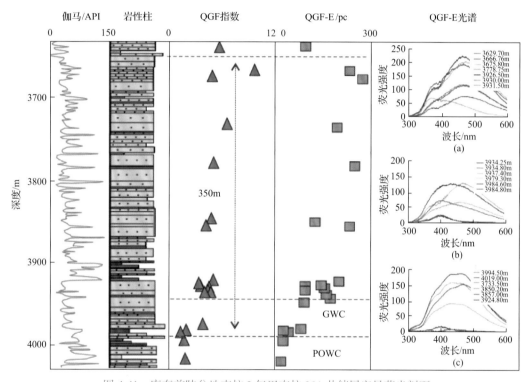

图 4-41　库车前陆盆地克拉 2 气田克拉 201 井储层定量荧光剖面

对于一套油气盖层存在垂向封闭临界条件，可以有效判定油气是否沿断裂穿越盖层垂向运移。在相同最大断距和盖层厚度的条件下，由于同向断块圈闭和反向断块圈闭形成的位置存在差异，反向断块圈闭位于断距最大的位置，一旦断裂发生垂向渗漏，那么整个圈闭油气均会调整运移或散失[图 4-42（a）]；而同向断块圈闭形成于断距最小值区，即使最大断距部位导致油气垂向渗漏，油气仍可能保存下来，只有当断距最小值达到垂向渗漏临界时，才会导致全部油气调整或散失[图 4-42（b）]。

束鹿斜坡西曹固构造带晋 68 断层为典型同向断裂（图 4-43），根据晋 69 井流体包裹体（QGF 指示古油藏证据，QGF-E 指示现今或残余油藏证据）测试结果表明：在沙三段 I 层段地层中，QGF 普遍高于 4，表示该层系为古油藏，而试油结果证实现今为水层，同时，QGF-E 均小于 40，也证实现今该层系并不富集油气（图 4-43）；因此，证实晋 68 断块

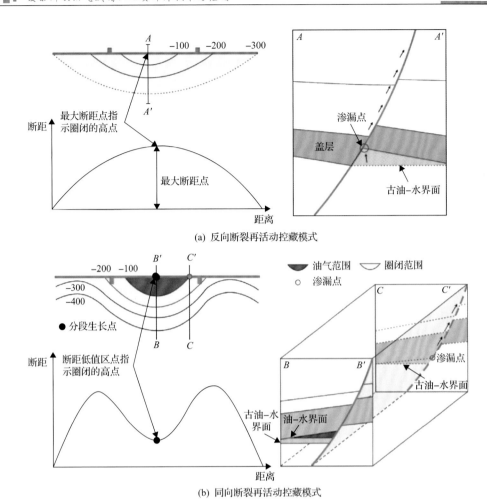

(a) 反向断裂再活动控藏模式

(b) 同向断裂再活动控藏模式

图 4-42　同向断裂和反向断裂垂向封闭性与油气聚集差异性耦合关系模式图

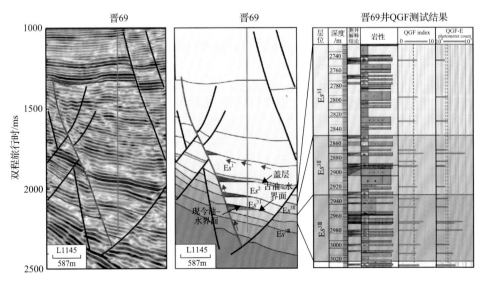

图 4-43　晋 69 区块同向断裂控油气垂向调整运移 QGF 和 QGF-E 证据

圈闭在沙三段Ⅰ层段形成较大范围的古油藏,后期断裂破坏盖层,导致油气大量调整或散失(图 4-43)。但并非整个油藏均被调整到浅层,在断距低值区附近仍有油气富集,说明该部位断裂与盖层厚度并未达到垂向渗漏条件,从而导致近 68 断块圈闭在区域盖层上下均有油气富集,表现为油气纵向"单层系"或"多层系"富集特征(图 4-43)。塔木察格盆地塔南凹陷油气主要富集在斜坡区,发育典型反向断裂油藏,由于反向断裂晚期再活动调整破坏大磨拐河组盖层,导致该断块圈闭南屯组油气全部调整运移至大磨拐河组富集成藏,表现为油气"单层系"富集,具有典型纵向"互补式"富集特征(图 4-44)。

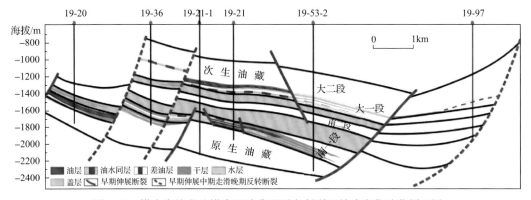

图 4-44　塔木察格盆地塔南凹陷典型反向断裂互补式富集油藏剖面图

第五章 歧南-埕北地区复杂构造油气藏地质评价

歧南-埕北地区位于歧口凹陷南部，西部为歧南斜坡，东为埕北断坡。区内发育的主要断裂包括歧东断裂、张北断裂、张东-海4井断裂、赵北断裂、羊二庄断裂、羊二庄南断裂等，以北东向、近东—西向为主，近平行排列，相互之间表现为侧接转换的特点。经过40多年的勘探，构造主体已被三维地震满覆盖，已发现明化镇组、馆陶组、东营组、沙一段、沙二段、沙三段、中生界和二叠系等八套含油气层系，找到了张东、赵东、羊二庄、友谊、刘官庄、海4井油田以及张北、张东东、关家堡、埕海和歧东等含油气构造，形成了张东－张东东、关家堡-埕海两个整装效益储量区，实现了南部滩海的含油气连片，形成亿吨级优质储量区，展示出该区良好的勘探前景。勘探实践证实，埕北断坡油气资源丰富，含油目的层多，油藏埋藏浅，产量高，储量整装，是寻找规模性整装储量的现实地区。

第一节 油气分布规律及其与断裂的关系

一、油气成藏条件与含油组合划分

歧南-埕北地区主要发育有古近系沙三段、沙二段、沙一段和东营组四套烃源岩，其中沙三段沉积时期是古近纪湖盆鼎盛发育期，气候温暖潮湿，半咸水的藻类，如渤海藻、副渤海藻发育；沙一段是沙二段沉积时期湖水变浅之后水域范围又一次扩大，但水体浅、水质略有咸化；东营组沉积开始，湖盆水域再次扩大、湖水加深、水质淡化，之后湖泊又逐渐萎缩、湖水逐渐变浅，有机质的发育程度逐渐变差。歧南地区古近系烃源岩有机质含量普遍大于1%，氯仿沥青"A"含量大于0.1%，总烃含量为500～1000ppm（1ppm=10^{-6}），有机质类型以Ⅰ、Ⅱ$_1$型为主，表明生母质好。歧口凹陷沙一段和沙三段主力生烃层有机质丰度自北向南增高的特征十分明显。优质烃源岩主要分布在歧口湖盆中南部即歧南-埕北地区，这主要是受沉积环境和北部大型物源体系波及范围大，使得凹陷北部中心区砂体发育，环境较开放，使有机质丰度和类型与南部深湖相强还原封闭环境有一定差异。从热演化程度来看，沙一段烃源岩均已处于成熟阶段，开始大量生油，沙二段—沙三段属于成熟烃源岩，基本处于成熟—生油高峰阶段，东营组烃源岩基本处于未成熟—低成熟演化阶段，生烃量有限。生油层评价结果表明，沙三段、沙一段是最好生油层，沙二段、东营组是好生油层。

自下而上歧南-埕北地区共发育四套储层：前古近系、古近系沙河街组、东营组，新近系的馆陶组和明化镇组。受构造演化以及沉积物源的控制，不同时期在不同地区发育不同类型的砂体。其中，前古近系中、下侏罗统主要发育河流相砂体；沙河街组沉积时期，主要发育近岸扇体、石灰砾石锥扇体和沿岸滩坝等多种类型的砂体；东营组沉积时期，主要为湖泊三角洲砂体；馆陶组和明化镇组沉积时期，广泛发育辫状河、曲流河砂体。这些纵横向相互交叉叠置的砂体，成岩作用较弱，具有较好的物性条件，尤其是新近系砂岩层均为高孔高渗储层，为埕北断阶带的油气聚集创造了良好的储集空间。

歧南-埕北地区的区域性盖层有三套，其中最稳定发育的是沙一中亚段盖层，厚度为200～250m，质量好。这套盖层控制了深部(沙三段、沙二段、沙一下亚段)三套油层与浅部(东营组、明化镇组、馆陶组)油层的分布与富集。如南大港、扣村、张巨河等地区，深、浅油气富集程度差异多与沙一中亚段盖层有关。东二段区域盖层控制东营组油层与新近系油气层的分布与富集。另一套区域性盖层为明下段，主要为曲流河沉积，具有"泥包砂"特点，砂泥比为1:3，泥岩单层厚度为4～20m，局部可达130～170m，泥岩厚度大、分布稳定、封闭性能好。同时歧南地区沙河街组发育有局部盖层，控制油气局部富集成藏。

该地区构造演化经历了中生代构造雏形形成、古近纪构造发育及新近纪构造衰退三个阶段。在古近纪裂陷期，构造活动强烈，断裂发育，保存条件较差。在新近纪及第四纪拗陷期，断裂和断块活动明显减弱或基本停止，保存条件较好。而该地区大规模油气成藏主要发生在明化镇组晚期，油气成藏后构造比较稳定，三套区域性盖层分层次起到封盖作用，保存条件较好，没有造成大规模的油气藏破坏。

受东营组盖层分隔，歧南-埕北地区纵向上发育上下两套含油组合，其中东二段盖层及之下的东三段、沙河街组及前古近系储层构成下部含油组合，为早期成藏的原生油气系统。下部含油组合包含三套储盖组合，古近系东营组泥岩盖层与东三段、沙河街组一段上部储层形成盆地上部储盖组合；沙河街组一段中部发育的泥岩与沙一中亚段、沙一下亚段重力流水下的砂体构成中部储盖组合；沙三段上部泥岩与沙三段储层构成下部储盖组合。上部含油组合以馆陶组、明化镇组砂岩为储层，以明化镇组上段泥岩为盖层，为后期断裂活动导致下部含油组合油气调整至浅层的二次成藏，为次生含油组合，烃源层与上部含油层相隔上千米距离，断裂是油气从深层向浅层运移的主要运移通道，如图5-1所示。

二、不同含油组合油气分布规律

歧南-埕北地区断裂多，构造破碎，勘探开发难度较大。深入分析不同含油组合油气分布规律，对后期精细地质评价与勘探部署具有重要的现实意义。

(一)油气纵向分布规律

纵向上油气受东营组区域盖层分隔，主要分布在下部含油组合中，从凹陷腹部至外围斜坡，油藏分布层位逐渐变浅，在凹陷腹部的油气主要分布在东营组盖层之下。如前所述，该地区沙三段烃源岩厚度大、埋藏深，为供油主体，控制下部含油组合，沙三段油藏为近源自生自储型聚集，沙二段及以上的油藏为下生上储型聚集。

上下含油组合由于成藏时期及控制因素差异，油气分布规律也有很大差异。明化镇组区域性的泥岩盖层为油气保存提供有利条件。在凹陷外围斜坡带馆陶组和明化镇组构

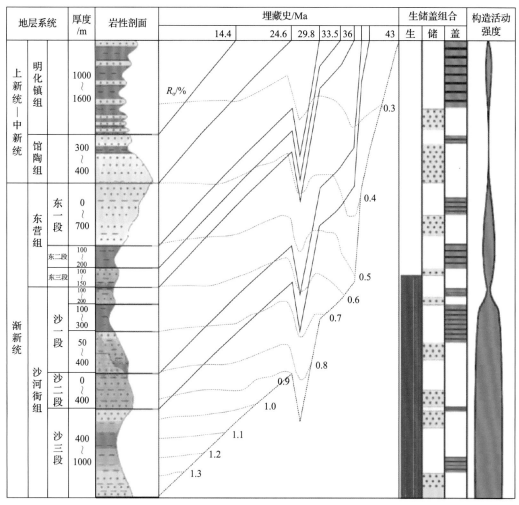

图 5-1　歧南-埕北地区地质背景综合表

成的上部含油组合油气有所增加(图 5-2、图 5-3)，外侧斜坡部位盖层减薄，断裂活动可以破坏盖层使油气垂向调整至馆陶组和明化镇组(图 5-3)，如赵北断裂带、羊二庄断裂带发育区，说明断裂—盖层配置关系对油气纵向分布层位有重要控制作用。

(二)油气平面分布规律

宏观上油气平面分布受烃源岩分布的影响较大，多分布在近源的隆起带部位，或断层边部相关圈闭内。

1. 下部含油组合油气分布规律

沙三段油气平面主要分布在南大港断裂和张北断裂下盘及西南部的斜坡上，油气宏观分布受烃源岩分布的影响，总体表现为围绕凹陷呈环带状、串珠状分布，具有局部高点富集、面积小而分散的特征(图 5-4)。两种隆起带控制沙三段油气分布，即反向断裂翘倾隆起带和滚动背斜隆起带。

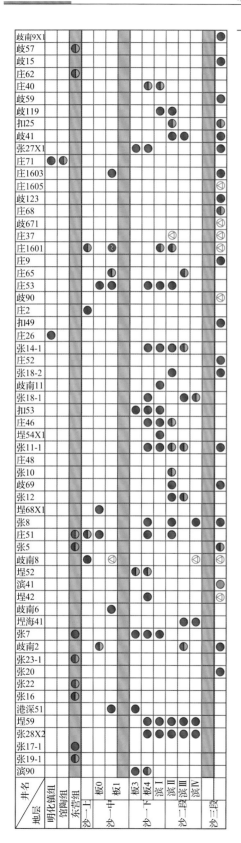

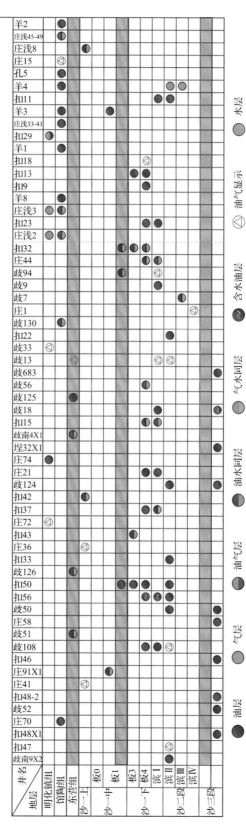

图5-2 歧南-埕北地区油气纵向分布规律

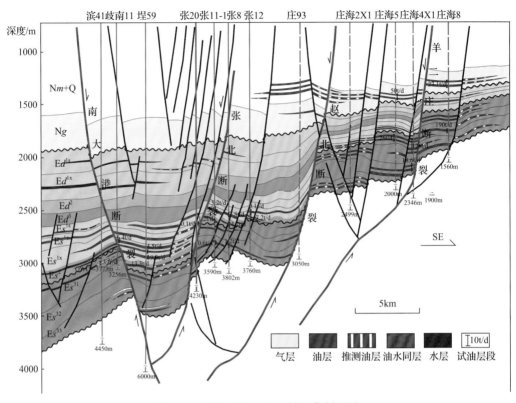

图 5-3 歧南-埕北地区区域油藏剖面图

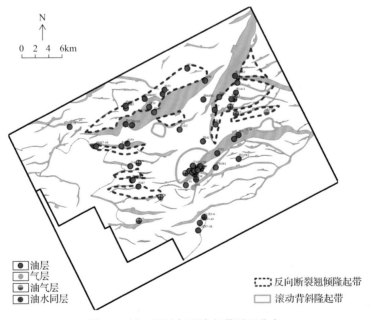

图 5-4 沙三段油气及隆起带平面分布

反向断裂翘倾隆起带主要分布在南大港断裂和张北断裂下盘，沙三段沉积末期盆地区域抬升，断裂活动造成下盘隆起，反向断裂对油气聚集构成有利遮挡(图 5-5)。

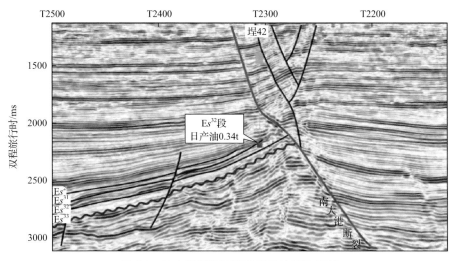

图 5-5　反向断裂翘倾隆起带对油藏的控制

　　滚动背斜隆起带主要发育在赵北断裂上盘，是断裂活动时两盘差异压实作用和下降盘沉积层重力作用形成的弧形弯曲。沙三段油气近源分布，以侧向运移为主，临源的隆起带是有利的油气运聚指向区，控制了该层段油气的分布(图 5-6)。

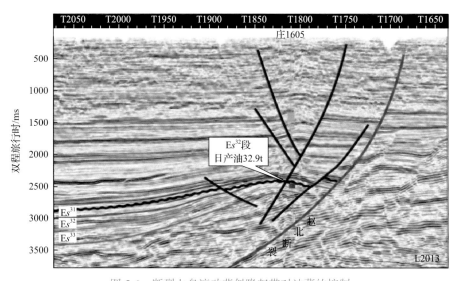

图 5-6　断裂上盘滚动背斜隆起带对油藏的控制

　　沙一段油气分布较为集中，主要分布在赵北断裂上盘(图 5-7、图 5-8)，从剖面上看油藏分布区构造形态为断裂扭动形成的似花状构造，张扭断裂带背形隆起控制沙一段油藏富集。另外，从储层发育特征上看，歧南-埕北地区沙一段斜坡及深凹区发育重力流成因的砂质碎屑流沉积，砂体呈局部带状分布，有限的砂体也控制了油气分布范围。

　　从沙一上亚段油气显示与砂地比关系统计来看(图 5-9)，油层的砂地比最小值是23%，砂地比影响砂体侧向连通概率，当砂地比低于 23%时，砂体间基本不连通，影响油气侧向运移，因此砂体发育情况也控制了油气的局部分布特征。

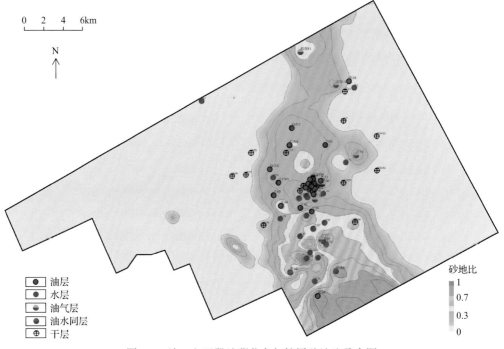

图 5-7　沙一上亚段油藏分布与储层砂地比叠合图

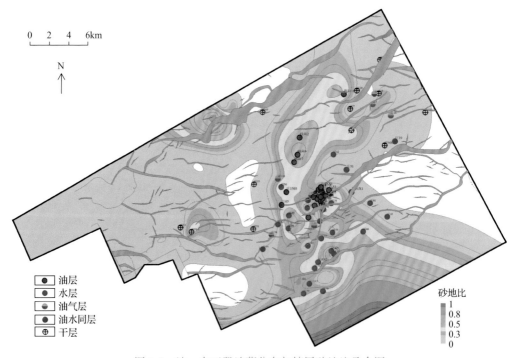

图 5-8　沙一中亚段油藏分布与储层砂地比叠合图

　　东营组油气主要分布在东三段下部,聚集在南大港断裂和张北断裂边部(图 5-10),沙一段油气主要受沙一段中上部泥岩盖层封盖,小断裂活动不能破坏盖层的完整性,所

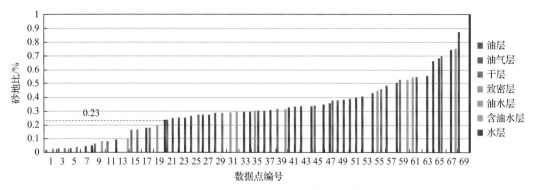

图 5-9 沙一上亚段砂地比与油气显示统计图

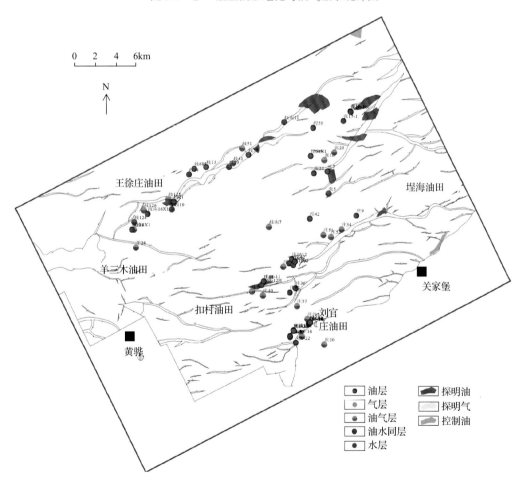

图 5-10 歧南-埕北地区东营组油气平面分布

以只有活动的大型主干断裂边部有东营组油气分布(图 5-10),纵向上油层上部受东营组上部区域泥岩盖层封盖,油气分布在东营组下部(图 5-11),断裂-盖层的配置关系控制了油气纵向富集层位。而赵北断裂、羊二庄断裂活动强烈,可以破坏东二段盖层使油气调整到馆陶组和明化镇组成藏(图 5-12)。

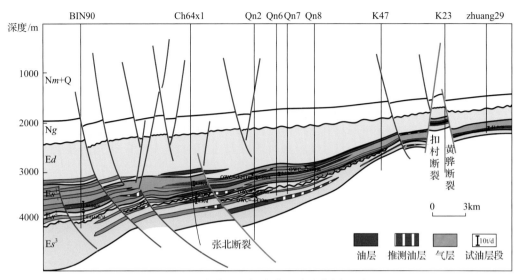

图 5-11　东营组油气成藏区域油藏剖面图

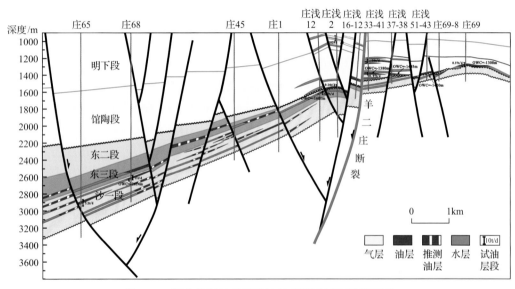

图 5-12　断盖控制的东营组油气成藏区域油藏剖面图

2. 上部含油组合油气分布

上部含油组合为次生调整油藏,油藏多临近调整断裂分布,或沿断裂垂向运移后短距离侧向运移,受断裂或地层岩性遮挡成藏。

馆陶组油气平面主要分布在三个区域,即刘官庄、羊三木及赵北断裂北段(图 5-13)。

统计刘官庄油田馆陶组油水分布可以看出(图 5-14),油分布在馆二段和馆三段底部,底部油气临近不整合面上下分布,油藏类型主要为地层-岩性油气藏,馆二段油气分布在羊二庄断裂边部为构造-岩性油藏。馆陶组油气分布受活动断裂控制,分布在断裂边部隆起带部位,侧向沿砂岩和不整合面输导(图 5-15)。

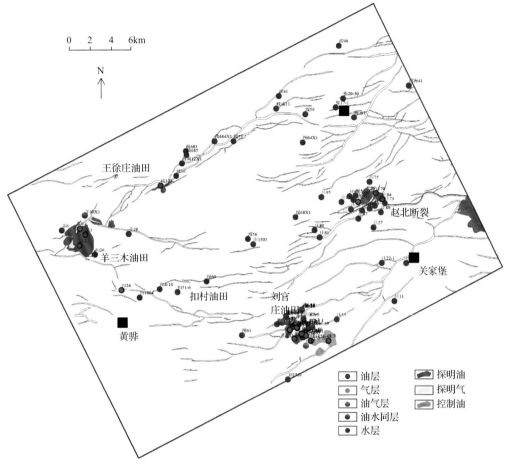

图 5-13 歧南地区馆陶组油水分布

羊三木油田位于潜山上的披覆背斜构造。该区馆陶组和沙河街组油气纵向上具有此消彼长的互补特征，两层位之间受东营组泥岩盖层分隔，盖层自凹陷向披覆背斜顶部厚度逐渐减薄，盖层厚的区域下部沙河街组有油，馆陶组无油；而盖层薄的区域下部沙河街组无油，馆陶组有油(图 5-16、图 5-17)。所以断裂和盖层的配置关系控制了油气能否向上调整至馆陶组成藏。

赵北断裂东北段馆陶组油气分布具有相同的特征(图 5-13)，受赵北断裂活动，沙河街组油气纵向调整至馆陶组和明化镇组，油气进入储层后，侧向沿砂岩短距离充注，分布在断裂边部隆起带部位。

三、断裂对油气分布的控制作用

从歧南-埕北地区油气分布来看，油气藏分布受断裂控制明显，不同层位的油气分布与不同时期形成的断裂相关圈闭有关，油藏类型多为构造-岩性油藏，刘官庄油田局部地区发育地层岩性油藏，纯粹的岩性油藏较少。一方面断裂控制圈闭的形成，断裂活动引起地层褶皱变形，形成的隆起带为油气的聚集提供有利场所；另一方面断裂活动控制油

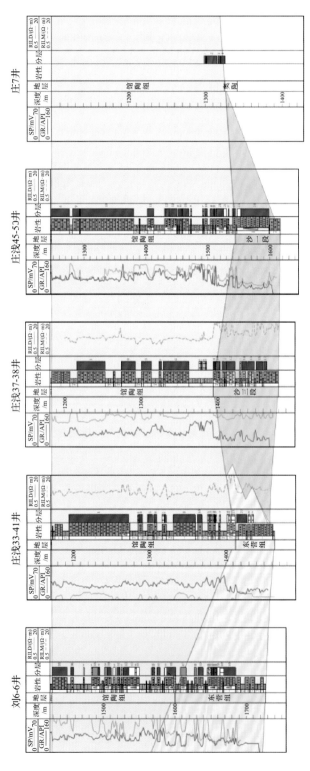

图 5-14　刘官庄油田馆陶组油水分布联井图

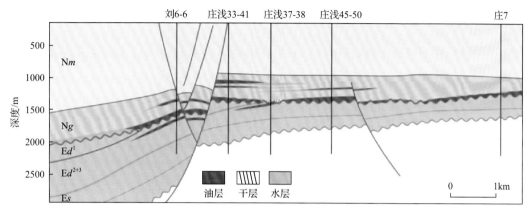

图 5-15 刘官庄油田馆陶组油藏剖面图

气藏的聚集和保存，成藏时期断裂活动可以作为油气运移的优势通道，成藏期之后断裂再活动往往会造成油气再分配，导致断裂附近先期古油气藏向浅层调整和破坏。

（一）断裂对圈闭形成的控制作用

歧南-埕北地区总体表现为隆起带控油的特征，断裂活动引起地层褶皱变形，形成的隆起带为油气聚集提供有利场所。在不同结构拗陷构造演化的基础上，系统总结隆起带类型，并分析不同时期、不同类型的隆起对油气成藏的控制作用。

新生界沉积过程中歧南-埕北地区主要经历了两大演化阶段，即沙河街组—东营组沉积时期的断陷阶段和新近纪的拗陷阶段。整个盆地的发育、发展过程主要表现为拉张、沉降、翘倾三种作用，断裂及局部构造是上述三种作用的直接产物。

歧南-埕北地区经历两期裂陷，裂陷早期北西向伸展控制北东向断裂活动，裂陷晚期转变为北南向伸展，伸展方向与先存北东向断裂发生斜交，断裂斜向扭动，上盘形成"V"字形似花状扭动构造，扭动构造具有背斜形态，构成张扭断裂带背形隆起带。在裂陷阶段，盆地主要表现为拉张作用，同时伴随有沉降和翘倾作用的发生。在裂陷过程中，断块发生差异沉降，靠近主干断裂一侧下陷幅度大，靠近斜坡一侧下陷幅度小，发生倾斜转动，上翘端与邻块发生相对位移，形成反向正断层。反向正断层下盘翘倾，间歇性暴露地表，遭受风化剥蚀，在沙二段顶面形成局部的角度不整合。这种翘倾作用形成的隆起称为反向断裂翘倾隆起带。

赵北断裂为上期活动断裂，剖面形态为上陡下缓的犁式产状，在伸展作用下，断裂两盘岩层被拉开拆离，在断裂两盘之间形成了潜在的可容空间，由于重力作用上盘岩层垮塌，弯曲变形，形成了反牵引弯曲的褶皱，这种正断层在"逆牵引"作用下形成的一种特殊的褶皱构造带称为滚动背斜隆起带。

羊三木地区断陷期受断裂活动影响，断块一端抬升另一端沉降，在断裂下盘形成凸起；在盆地拗陷期，盆地整体下降，凸起带被沉积物覆盖，差异压实作用使断块的上升端形成披覆背斜构造，构成披覆背斜隆起带。

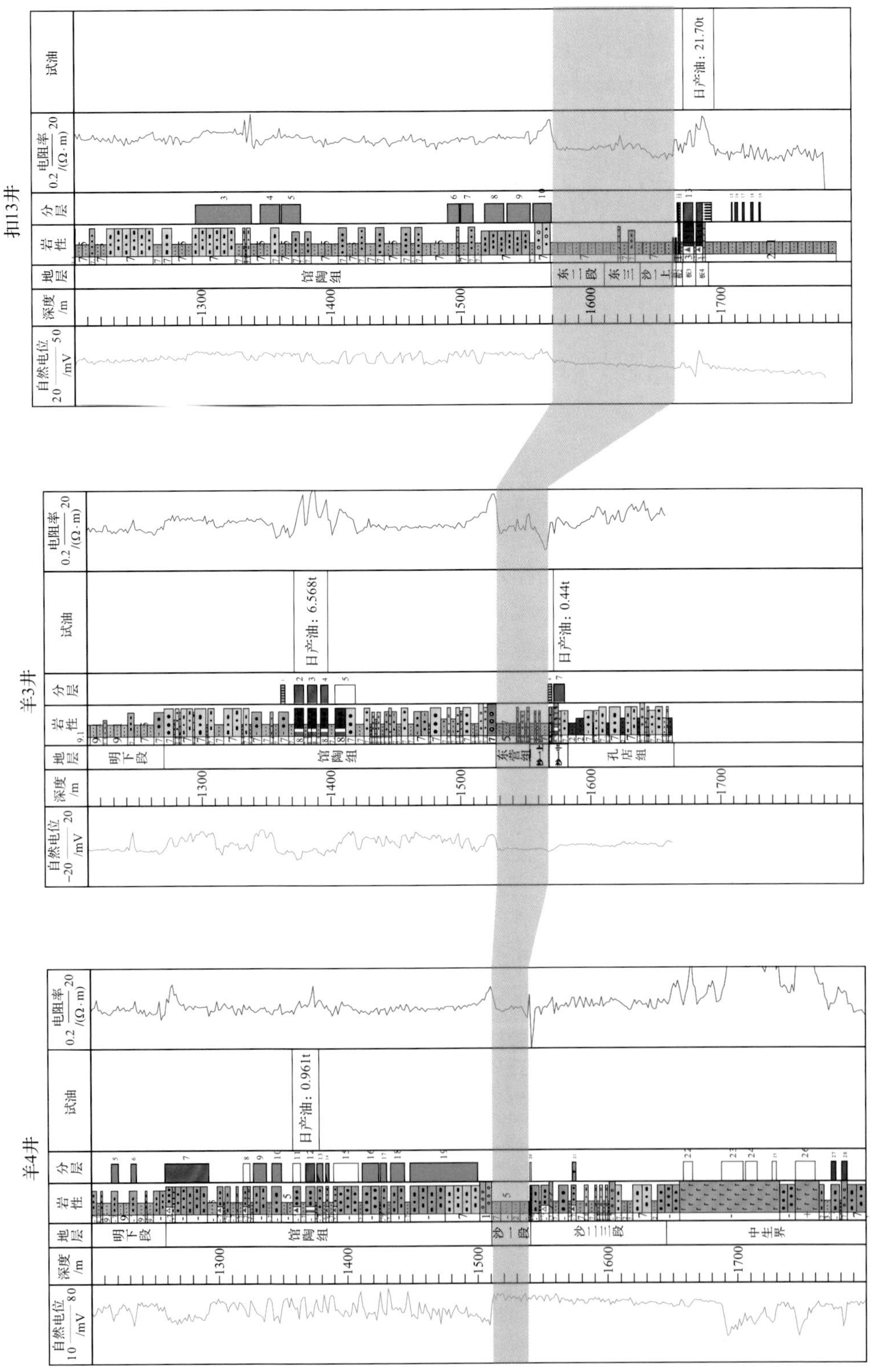

图 5-16 羊三木油田沙河街组顶部盖层联井剖面图

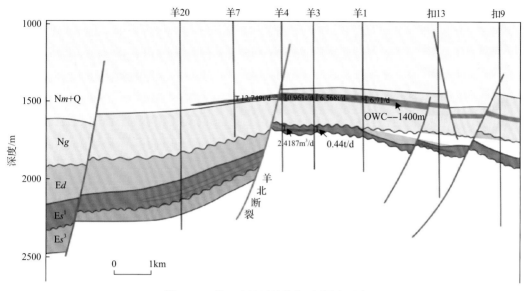

图 5-17　羊三木油田馆陶组油藏剖面图

(二)断裂对油气运聚保存的控制作用

如前所述，不同时期的断裂活动形成多种类型的隆起带，为油气聚集提供了储集空间，同时断裂活动又为油气运移提供输导通道，为油气向隆起带充注提供了有利条件。不同类型的隆起带储集层与烃灶配置关系不同，因此成藏特征明显不同(图 5-18)。

1. 反向断裂翘倾隆起带和滚动背斜隆起带控制沙三段油气分布

反向断裂翘倾隆起带可谓"同生隆起"，是伴随控陷断裂快速沉降而形成的，因此具有"长期淋滤造储、近注不整合输导、反向断层遮挡"成藏的有利条件。翘倾隆起带频暴露地表，遭受风化剥蚀，在沙三段顶部形成"削截型"不整合面，改善了储层物性。反向断裂上盘沙一段大套泥岩与储层对接，形成有利封堵条件，使油气聚集在沙三段储层中，油藏为不整合面遮挡、岩性上倾尖灭和断裂遮挡三种类型的复合体。

滚动背斜隆起带形成构造油藏，强烈断陷期在主干断裂上盘形成小型滚动背斜带，控制沙三段油气富集，油藏范围很小，但单井产能很高。

2. 张扭断裂带背形隆起带控制沙一段及馆陶组油气分布

沙一段油气主要来源于沙三段烃源岩，为下生上储式成藏，断裂是沟通源储的输导通道。歧南-埕北地区沙一段沉积时期先存北东向断裂发生斜向伸展，形成"V"字形似花状扭动构造，张扭断裂形成的背形隆起为油气提供了良好的圈闭条件，油气成藏期隆起带与活动断裂匹配，有利于断裂输导的油气侧向冲注，控制了沙一段油气聚集。成藏期后再活动断裂破坏了东营组泥岩盖层，可以将油气调整至馆陶组成藏。

3. 披覆背斜隆起带控制馆陶组油气分布

羊三木地区地层下部为凸起的潜山，拗陷期盆地整体下降，凸起带被沉积物覆盖，上覆地层继承了先存的隆起形态，成为油气侧向运移的有利指向，有利于沙河街组原生

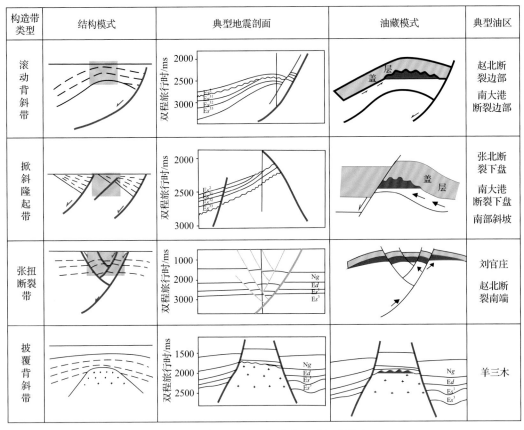

构造带类型	结构模式	典型地震剖面	油藏模式	典型油区
滚动背斜带				赵北断裂边部 南大港断裂边部
掀斜隆起带				张北断裂下盘 南大港断裂下盘 南部斜坡
张扭断裂带				刘官庄 赵北断裂南端
披覆背斜带				羊三木

图 5-18　断层相关隆起带类型及控藏模式

油气聚集，后期断裂活动，该区盖层厚度较薄，油气垂向发生调整，在馆陶组再次聚集成藏。

歧南-埕北地区油气运聚模式可归结为，油气沿连通砂体侧向运移、不整合面侧向运移，聚集在隆起带，受岩性、地层或断层遮挡聚集成藏，成藏期后部分断裂活动破坏了盖层完整性导致油气垂向调整至馆陶组和明化镇组，与活动断裂配置的张扭断裂带背形隆起带有利于油气再次聚集，或油气沿砂体、不整合面横向短距离运聚，受岩性、地层或断裂遮挡聚集成藏。

第二节　复杂断裂带精细地质评价

一、构造特征

歧南-埕北地区内部发育大量断裂，断裂平面上走向整体呈东—西向及北东—南西向，沙三段至馆陶组沉积时期，大多数断裂由以北东—南西走向为主变为东—西走向为主；剖面上多为北倾断裂，倾角整体在50°～75°，剖面几何形态主要呈花状、"y"字形、平行排列等。

平面上（图5-19～图5-21），歧南-埕北地区主要发育东—西向、北西西—南东东向、

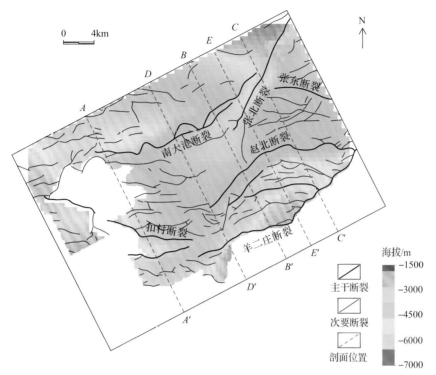

图 5-19　歧南-埕北地区沙三段底断裂平面分布图

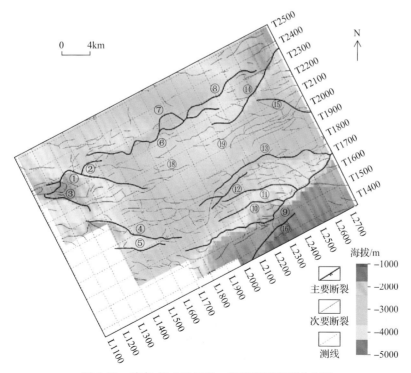

图 5-20　歧南-埕北地区沙一段底断裂平面分布图

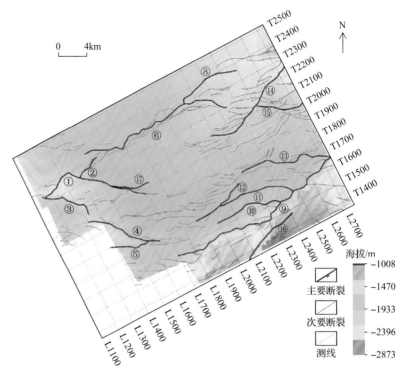

图 5-21　歧南-埕北地区馆陶组底断裂平面分布图

北东—南西向、北北东—南南西向、北东东—南西西向这五个走向的断裂。其中，边界
断裂与基底断裂以北东—南西向、北东东—南西西向为主(南大港断裂、杨二庄断裂、张
北断裂、赵北断裂等)。歧南-埕北地区边缘断裂则多为东—西向(张东断裂等)。

作为歧南-埕北地区的边界断裂，南大港断裂(⑥号断裂)整体呈北东东—南西西走向
的南倾断裂，在断裂中段存在多处走向的转变，断裂整体长度在各层位变化不大，延伸
长度约 16000m。断裂上盘发育了一系列紧邻断裂的次级断裂，这些次级断裂主要形成在
浅层(馆陶组至地表)，走向与南大港断裂大体平行。

张北断裂(⑭号断裂)呈近北北东—南南西走向，位于南大港断裂东部，为北倾断裂，
延伸长度约 13000m；在沙三段、沙一段至馆陶组沉积时期均变化不大。张北断裂的上盘
发育了一系列次级断裂，这些次级断裂主要形成在浅层(馆陶组至地表)，走向以东—西
向为主，呈左阶雁列式分布。

张东断裂(⑮号断裂)位于歧南-埕北地区的东侧，张北断裂的东南侧，呈近北西西—
南东东走向，其西端与张北断裂相接，为北倾断裂。延伸长度约为 6500m，在研究区
只出露一部分。其上盘只发育了为数不多的次级断裂，这些次级断裂在走向上平行于
张东断裂。

赵北断裂(⑬号断裂)位于埕北凸起北侧，为北倾断裂。断裂在沙三段延伸长度较长，
约为 16000m，在馆陶组沉积时期分为东、西两条，西段呈北东—南西向展布，东段呈近
东—西向展布，西段在馆陶组发育了一系列近东—西向次级断裂，这些次级断裂整体呈
左阶式排列；而东段在浅层发育少量次级断裂。

剖面上，歧南-埕北地区大多数断裂为北倾断裂，少部分为南倾断裂（图5-22～图5-24）。其中，南大港断裂为南倾断裂，张北断裂、张东断裂、赵北断裂为北倾断裂，断裂倾角整体在50°～75°，断裂组合样式包括似花状、"y"字形、平行排列等。

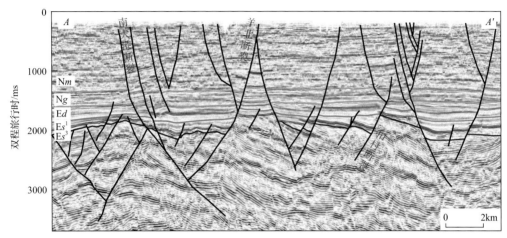

图5-22　歧南-埕北地区L1517地震剖面

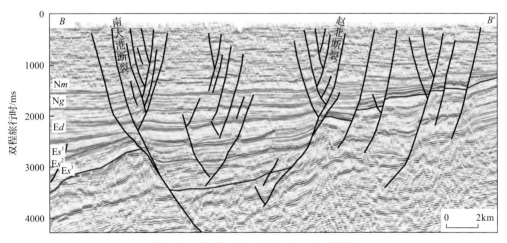

图5-23　歧南-埕北地区L2157地震剖面

歧南-埕北地区内部断裂的穿层性差异很大，发育的大型基底断裂包括①、⑥、⑨号等，在大型基底断裂附近伴生了一系列小型次级断裂（如⑰号断裂），这些次级断裂断穿了大部分新近系和部分渐新统。同样，存在只在古近纪活动未至新近纪活动的断裂，也存在新近纪成核的新生断裂。

主干基底断裂与其次级断裂在剖面上呈似花状分布，东—西向（赵北断裂）、北西西—南东东向（张东断裂）、北东—南西向（赵北断裂）、北北东—南南西向（张北断裂）、北东东—南西西向（南大港断裂）主干断裂上盘，均有似花状构造发育。

歧南-埕北地区是受南倾的南大港断裂和北倾的赵北断裂控制的双断地堑式洼槽，这两条主干断裂是基底时期形成的，且持续活动到馆陶组沉积时期。歧南-埕北地区内部主

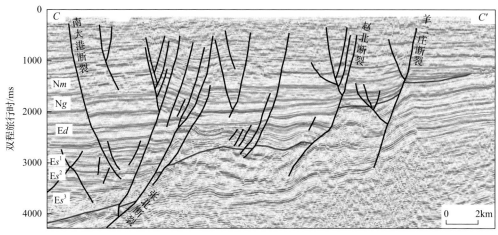

图 5-24　歧南-埕北地区 L2477 地震剖面

要发育与主干断裂相伴生的和其他东—西向分布的小型正断层，在剖面上多表现为花状构造的特征，且主要出现在裂陷Ⅱ幕及裂后沉降期(图 5-25)。这是因为在沙一段沉积时期，歧南-埕北地区区域应力场由先前的北西—南东向拉张转为北—南向拉张，使得内部先存构造具有右旋走滑的特征。在沙二段沉积时期，歧南-埕北地区发生了区域性抬升，致使地层沉积较薄。这些在构造演化剖面中也可得到证实。

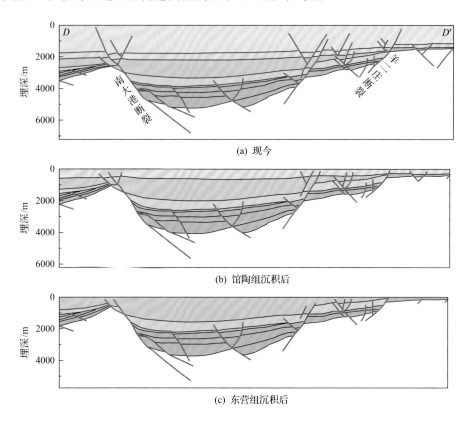

(a) 现今

(b) 馆陶组沉积后

(c) 东营组沉积后

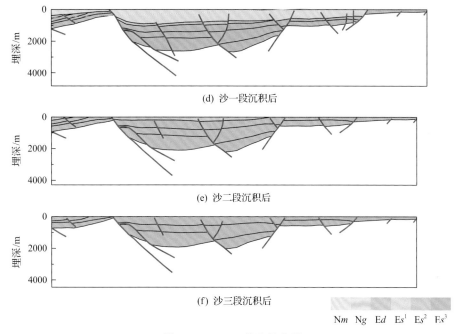

(d) 沙一段沉积后

(e) 沙二段沉积后

(f) 沙三段沉积后

Nm　Ng　Ed　Es^1　Es^2　Es^3

图 5-25　L1904 构造演化图

　　在沙三段沉积后，地层中部较厚，向南北两侧减薄，表现出较清晰的地堑式洼槽结构，南大港断裂和赵北断裂对地层沉积起到了控制作用，控制沉积十分明显[图 5-25(f)、图 5-26(f)]。在沙二段沉积后，地层沉积厚度较薄且仅中部和北部有地层沉积，说明在沙二段沉积时期埕北凸起出现了强烈的抬升与剥蚀[图 5-25(e)、图 5-26(e)]。在沙一段沉积后，洼槽内部地层厚度较外部厚许多，说明主干断裂为同沉积断裂，控制沉积十分明显[图 5-25(d)、图 5-26(d)]。在东营组沉积后，地层在凹陷中部较厚向两侧减薄，具有明显的碟状结构[图 5-25(c)]；南部出现了小的花状构造，表明该时期产生了走滑变形[图 5-26(c)]。在馆陶组沉积后，未见地层缺失且厚度变化不大，说明该时期以沉降为主，较为稳定[图 5-25(b)]。现今，在歧南—埕北地区南部可见明显的花状构造，也可证明后期产生走滑变形[图 5-25(a)]。

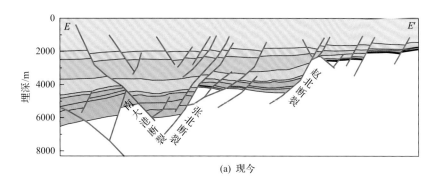

(a) 现今

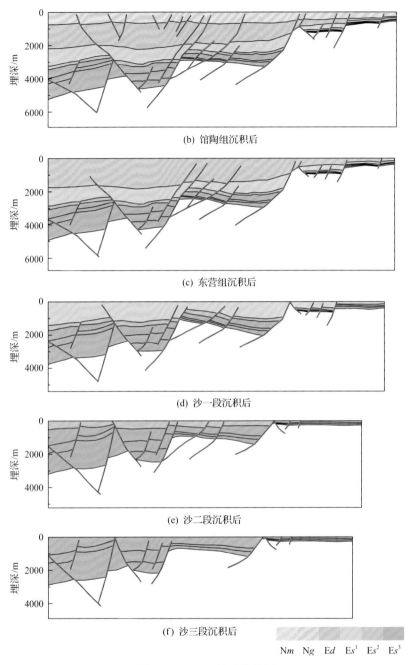

(b) 馆陶组沉积后

(c) 东营组沉积后

(d) 沙一段沉积后

(e) 沙二段沉积后

(f) 沙三段沉积后

Nm　Ng　Ed　Es¹　Es²　Es³

图 5-26　L2304 构造演化图

二、圈闭的形成时期与时间有效性

圈闭的形成或定型时期务必早于或形成于大规模成藏期，这时圈闭才能具备聚集油气的可能性，这就是圈闭的时间有效性。将圈闭的形成时期与油气大规模成藏期结合起来分析，是开展复杂断块油气藏研究与评价的重要手段。

通过流体包裹体均一温度分析表明，歧口凹陷具有两期油气充注的特征，结合沉积埋藏史、热史和生烃史研究成果，认为油气充注第一期为东营组沉积末期；第二期为明化镇组至现今，第二期油气充注是该区油气成藏的主要时期(图 5-27)。

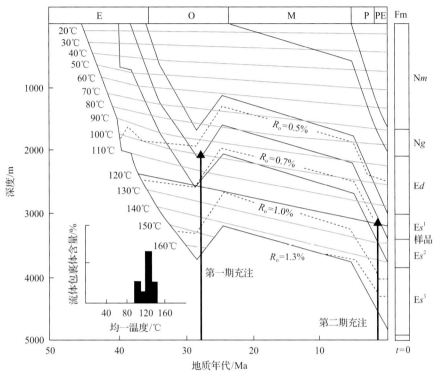

图 5-27　歧南 2 井油气充注期次

歧南—埕北地区各目的层构造圈闭较发育，选取南大港断裂与扣村断裂相关圈闭，厘定圈闭形成时期，并结合成藏期次确定圈闭的时间有效性。

南大港断裂上盘分布有多个圈闭(图 5-28)，含油气情况各不相同，读取了沙一下亚段和明化镇组两个层位的断距-距离曲线，采用最大断距回剥法将沙一下亚段断距回剥至成藏期(明化镇组沉积时期)，回剥结果显示，在明化镇组沉积时期，南大港断裂北部断块圈闭并未形成，由于圈闭在油气成藏时期并未形成，导致圈闭成为无效圈闭，断块圈闭形成时间无效性是南大港断裂北部圈闭未聚集油气的主要原因。

扣村断裂为歧南斜坡规模较大的反向断裂(图 5-29)，在扣村断裂的下盘发育断块圈闭，通过断距-距离曲线识别出一个断裂分段生长点，指示现今复合圈闭是由地质历史时期两条反向断裂控制下的断块圈闭在断裂分段生长连接作用下形成的，采用最大断距回剥法将现今沙一中亚段断距回剥至成藏期，发现在成藏期以前该复合圈闭就已经形成，具备圈闭时间有效性，因此，该圈闭为油气聚集提供了有利条件。

根据断块圈闭形成时期是否发生在成藏期之前或与成藏期同期这一判别标准，可以对歧南-埕北地区各目的层的断块圈闭时间有效性进行评价，评价结果如图 5-30 所示。

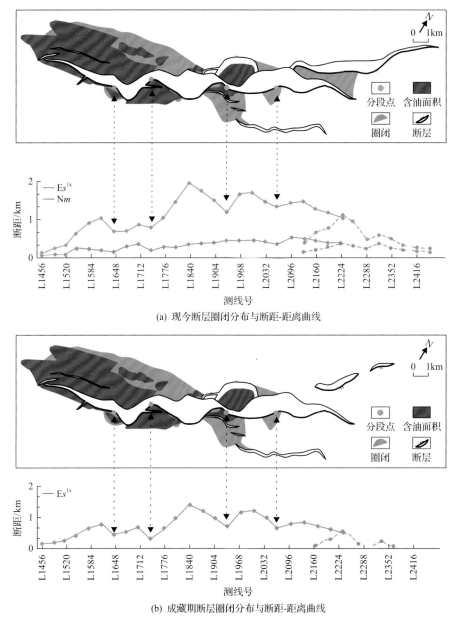

(a) 现今断层圈闭分布与断距-距离曲线

(b) 成藏期断层圈闭分布与断距-距离曲线

图 5-28　南大港断裂北部断块圈闭时间有效性评价

三、油源断层及垂向运移规律

歧口凹陷歧南-埕北地区断裂十分发育，如南大港断裂，具有延伸远、断距大、活动时间长的特征，对歧南构造带的形成、沉积体系的发育及油气的聚集分布影响较大，该断裂两盘的油气非常富集。该断裂形态弯曲多变，经历多期活动，在沟通深部烃源岩和浅部新生界储层，作为垂向运移通道方面起到了重要作用。下面就以南大港断裂为例，对歧南-埕北地区的断裂输导性能进行精细评价。

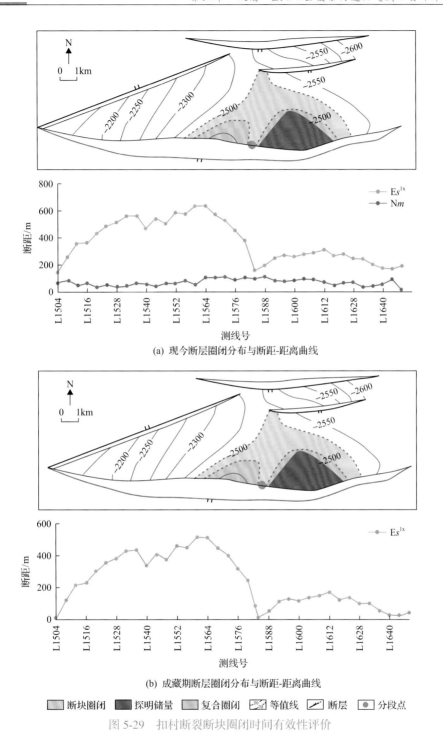

(a) 现今断层圈闭分布与断距-距离曲线

(b) 成藏期断层圈闭分布与断距-距离曲线

图 5-29　扣村断裂断块圈闭时间有效性评价

(一)断裂活动演化特征

南大港断裂平面呈近北东向展布，走向弯曲多变，延伸距离约为 21.9km(图 5-31)，断裂向东南方向倾斜。断裂与地层呈屋脊状组合，断距普遍大于 1000m，新生代受区域应力场及走滑断裂带影响，南大港断裂附近处于走滑拉张背景。

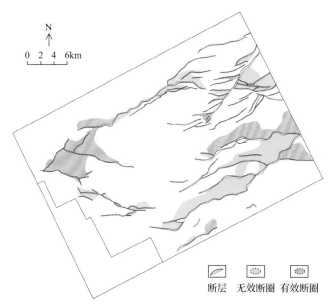

图 5-30　歧南-埕北地区馆陶组圈闭时间有效性评价平面图

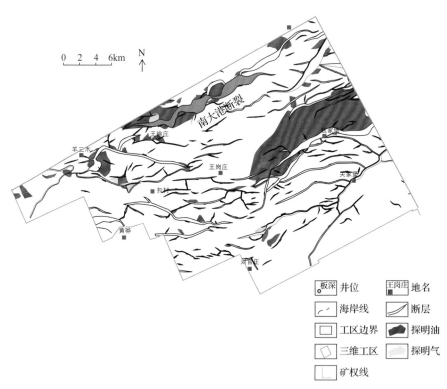

图 5-31　歧南-埕北地区油气源断裂及油气藏(沙一下亚段)分布特征

通过生长指数和断距-埋深曲线对南大港断裂在不同沉积时期的活动情况进行分析

(图 5-32)，南大港断裂主要有三期活动，分别是沙三段沉积时期、东营组沉积时期和馆陶组—明化镇组沉积时期。

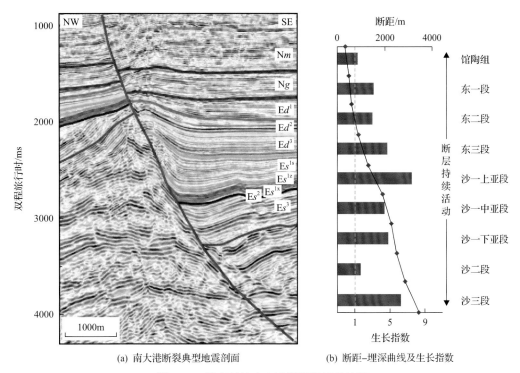

(a) 南大港断裂典型地震剖面　　　(b) 断距–埋深曲线及生长指数

图 5-32　歧南斜坡南大港断裂及活动特征

根据前面已经论述的关于成藏期厘定结果，歧南-埕北地区主要有两期成藏，分别是东营组沉积末期和明化镇组沉积末期，并以明化镇组沉积末期为主，因此，结合断裂活动时期和烃源岩大量排烃期，明化镇组沉积末期是主要的断裂活动开启并大量排烃的时期。

由于明化镇组沉积末期之后，断裂活动非常微弱，断层断距的变化及断层面本身形态的变化不大，即关键成藏期(明化镇组沉积末期)断层面形貌与现今断层面形貌基本一致，因此，可以直接用现今断层面属性特征来刻画成藏关键期的断层面特征。

(二)南大港断裂断层面属性计算及优势运移通道刻画

在三维地质建模的基础上，对断层面的几何学属性进行提取，主要包括反映断层面凹凸形态变化特征的倾角、走向、表面梯度等[图 5-33(a)]。同时通过三维建模可以计算出断盘沿凹凸断层面滑动的真实位移(real diaplacement)，其代表了断层真实的滑动量，根据天然地震研究的结果，断层面凹凸体的部位一般是滑动量最大的部位。基于以上分析，综合多个几何学属性及真实位移可以定量刻画出断层面上变化比较显著的凹凸体的范围，南大港断裂共发育有 8 个明显的凹凸体[图 5-33(a)]。

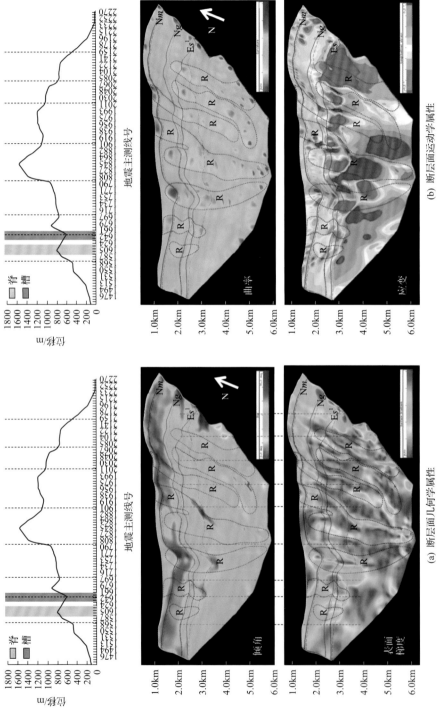

图5-33 南大港断裂断层面几何学属性和运动学属性
R为凹凸体

提取断层面的曲率属性，由南大港断裂曲率变化可以看出［图 5-32(b)］，断层面脊、槽部曲率变化明显，而凹凸体处曲率较大，为高的裂缝集中带，并且断裂中部的几个凹凸体的曲率更大，证明是流体渗滤的相对高孔渗带。

在断层面几何学属性分析的基础上，结合应力场数据，进一步对断裂活动后发生的运动学属性进行提取，主要是纵向应变和剪切应变。纵向应变表征了断裂两盘岩石在滑动过程中的变形量，对于正断层而言，主要是指主动盘(上盘)的变形。纵向应变为负值时代表其发生挤压变形，值越大，代表上盘在滑动过程中受断层面凹凸形貌的影响越大，形成的褶皱幅度越大。从图 5-33(b)可以看出，南大港断裂中部 5 个凹凸体剪切应变更大，代表这 5 个部分更容易破坏上部遮挡层，是油气垂向运移更多的层位［图 5-33(b)］。

因此南大港断裂中部的②、③、⑤、⑥号凹凸体是在明化镇组沉积末期发生油气运移的优势通道(图 5-34)。而与目前油气藏分布的对应关系可以作为最直接的油气运移证据，从图 5-34 可以看出，②、③、⑤、⑥号凹凸体附近油气藏非常发育，①号凹凸体规模小，但其周围油气富集，经地球化学指标证实为侧向运移的结果。根据凹凸体发育规模和属性优劣，可以将南大港断裂的优势运移通道分为三级，如下。

Ⅰ类：②、③、⑤、⑥最优，是油气沿断裂垂向运移的优势通道。

Ⅱ类：①凹凸体规模小，应变、曲率小；④凹凸体规模小，圈闭条件差。

Ⅲ类：⑦、⑧凹凸体应变、曲率小。

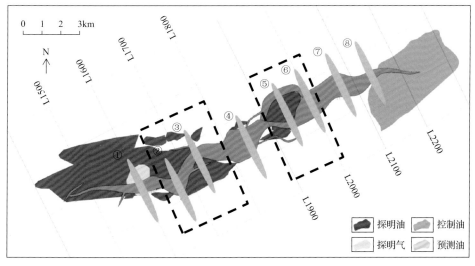

图 5-34 南大港断裂凹凸体、优势运移通道及油气藏(沙一下亚段)分布

四、断层侧向封闭性及油气聚集

在区域性盖层控制下储盖组合内部进行隔层的识别划分，并在隔层的分隔作用下划分出不同的油水单元；在此基础上，通过对比断层两侧油水关系，确定断层两侧油-水界面是否具有差异，如若断层两侧油-水界面具有明显差异，则可以确定断层起到了分隔油水的作用，即断层具有一定的封闭能力(图 5-35)。通过统计这类断层两侧油水单元的油-水界面和烃柱高度，可以确定其封闭的烃柱高度和支撑的过断层压差大小，为后续的断

层侧向封闭性评价模型的构建提供数据支撑。

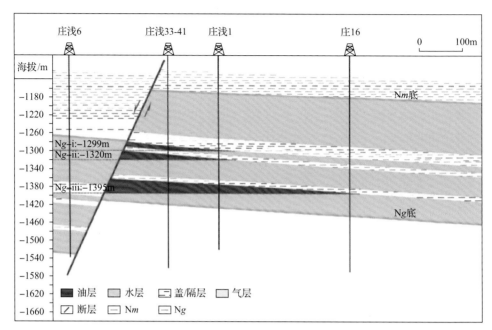

图 5-35　庄浅 1 圈闭馆陶组油藏剖面图

在区域性盖层之下，受泥质隔层分隔作用，可将一套地层划分为多个油水单元，结合油层顶面构造图、试油数据、测井数据和油水解释结论可以确定每个油水单元对应的构造高点、油-水界面。进而可以确定每个油水单元断层所封闭的烃柱高度。按照此原理和方法，选取研究区多个受断层控制的已钻探油气藏进行精细解剖，得到各断块圈闭的要素和断层封闭的烃柱高度(表 5-1)，为断层侧向封闭性评价模型构建提供数据基础。

表 5-1　歧南地区断块圈闭要素及烃柱高度统计表

断块圈闭名称	层位-油水单元	构造幅度/m	控圈断层名称	油水单元高点/m	油-水界面/m	断层控制烃柱高度/m
扣 11 断块圈闭	Ng-ⅰ	115	扣村	−1332	−1366	34
	Ng-ⅱ	115	扣村	−1369	−1446	77
庄浅 1 断块圈闭	Ng-ⅰ	40	羊二庄	−1268	−1299	31
	Ng-ⅱ	40	羊二庄	−1300	−1320	20
	Ng-ⅲ	40	羊二庄	−1360	−1379	35
羊 G1 断块圈闭	Ng-ⅰ	50	羊三木/羊 G1	−1516.8	−1552	35.2
	Ng-ⅱ	50	羊三木/羊 G1	−1552	−1583.5	31.5
扣 22 断块圈闭	$Es^{1下}$-ⅰ	160	扣村	−2068	−2165	97
歧南 3 断块圈闭	$Es^{1下}$-ⅰ	300	南大港	−3165	−3220	60

通过计算断层面 SGR 和对应的 AFPD，即可建立断裂带泥质含量与断层封闭能力的定量关系。计算 SGR 需要输入三个必要的参数：地层厚度、目的断层断距和地层泥质含

量。断距和地层厚度来源于断层和地层的地震解释数据，而由于地层泥质含量实测数据较缺乏，因此需利用测井数据计算地层泥质含量。在获取地层厚度、目的断层断距和地层泥质含量后，利用数学模拟方法即可计算出羊二庄断裂控圈段上升盘断层面任意一点SGR值。

为建立 SGR-AFPD 定量关系模型，还需计算表征断层封闭能力的过断层压差。在实际研究过程中，由于断裂带内孔隙流体压力资料难以获得，所以利用断层两侧同一深度流体压力差来近似代表过断层压差[式(5-1)]。根据油水解剖确定出断层两侧油水关系，可以计算出断层面两侧任意深度下的流体压力差，即过断层压差(图 5-36)。根据确定出的每个油水单元的油-水界面和构造高点，以及地层条件下的油水密度，计算出地层水压力趋势和各油水单元的压力趋势，在同一深度下二者的差值即该深度下的过断层压差。将过断层压差与断层面上对应深度的一系列 SGR 联立，确保 AFPD 与对应深度的一系列 SGR 相对应，从而得到 SGR-AFPD 投点图(图 5-37)。

$$\text{AFPD} = (\rho_\text{w} - \rho_\text{o})gH \tag{5-1}$$

式中，AFPD 为过断层压差，MPa；H 为烃柱高度，m；g 为重力加速度，m/s^2；ρ_w 和 ρ_o 为地层条件下水和烃的密度，kg/m^3。

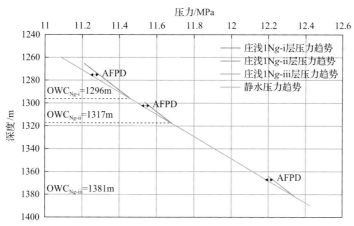

图 5-36 庄浅 1 圈闭各油水单元过断层压差随深度的变化关系

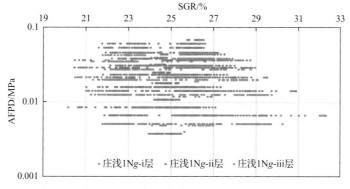

图 5-37 庄浅 1 圈闭各油水单元 SGR-AFPD 投点关系图

利用上述原理和方法，对歧南-埪北地区其他已解剖的圈闭采用同样的标定方式。以AFPD作为纵坐标，以对应深度的一系列断层面SGR作为横坐标，将每个圈闭的SGR-AFPD投点到同一坐标系中，得到表征歧南-埪北地区断层侧向封闭能力的SGR-AFPD关系图，拟合出代表不同SGR下断层最大封闭能力的断层封闭失败包络线(图5-38)。根据断层封闭失败包络线可以确定歧南-埪北地区断层封闭临界SGR下限为20%，并可以得出断层可承受最大AFPD随SGR变化的函数关系式[式(5-2)]。根据油水密度差可推算出断层面SGR与可支撑最大烃柱高度的定量关系[式(5-3)]，利用式(5-3)可对其他断层进行封闭能力预测。

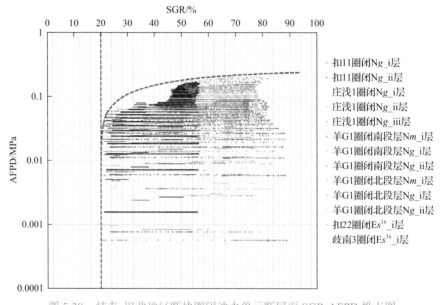

图5-38 歧南-埪北地区断块圈闭油水单元断层面SGR-AFPD投点图

$$AFPD = 0.1436\ln SGR - 0.393 \tag{5-2}$$

$$H = \frac{0.1436\ln SGR - 0.393}{(\rho_w - \rho_o)gh} \tag{5-3}$$

式中，H 为烃柱高度，m。

利用所建立的封闭性评价模型可对能够建立断层面模拟模型的断层进行封闭能力评价，为圈闭有效性评价提供依据。通过计算未钻探圈闭控圈断层SGR属性，依据断层封闭烃柱高度与SGR的定量关系，可对该断层封闭能力进行预测，得出主力含油层位控圈断层封闭性平面分布(图5-39)。采用此断层侧向封闭性评价方法，可以对歧南-埪北地区断层整体侧向封闭能力进行评价，确定断块圈闭的空间有效性，进而指导勘探开发过程中的有利区预测和井位部署。

五、成藏期后断裂再活动与油气垂向富集规律

如前所述，歧南-埪北斜坡区内部具有沙三段、沙一中亚段、东二段及明下段四套盖

层，其中东二段[图5-40(a)]和沙一中亚段[图5-40(b)]泥岩盖层具有分布广、厚度大、封闭性好的特点，四套盖层将研究区分隔成多套油水系统(图5-41)。油气在纵向上多个层系均有分布(图5-42)，重点解剖沙一中亚段及东二段这两套含油气系统，明确油气垂向分布差异性成因，并对断块圈闭空间有效性进行评价。

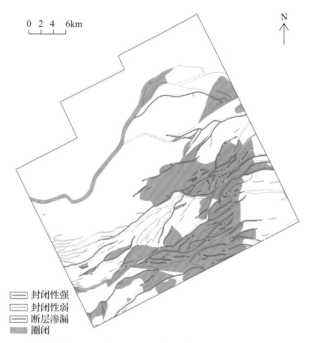

图 5-39 歧南-埕北地区沙一下亚段底面断层侧向封闭能力平面分布图

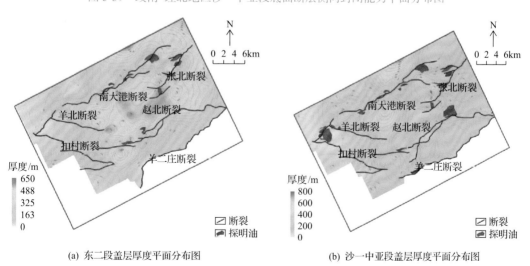

(a) 东二段盖层厚度平面分布图　　　　　　(b) 沙一中亚段盖层厚度平面分布图

图 5-40 歧南斜坡区盖层平面分布图

前人研究成果表明，盖层自身具有较强的封闭能力，因此，油气垂向富集差异性控制因素主要为断裂-盖层配置关系。通过对歧南斜坡区断块圈闭内部沙一中亚段盖层上下的油气分布显示，不同井点所在的断块圈闭，其内部断裂-盖层配置关系与油气纵向显示

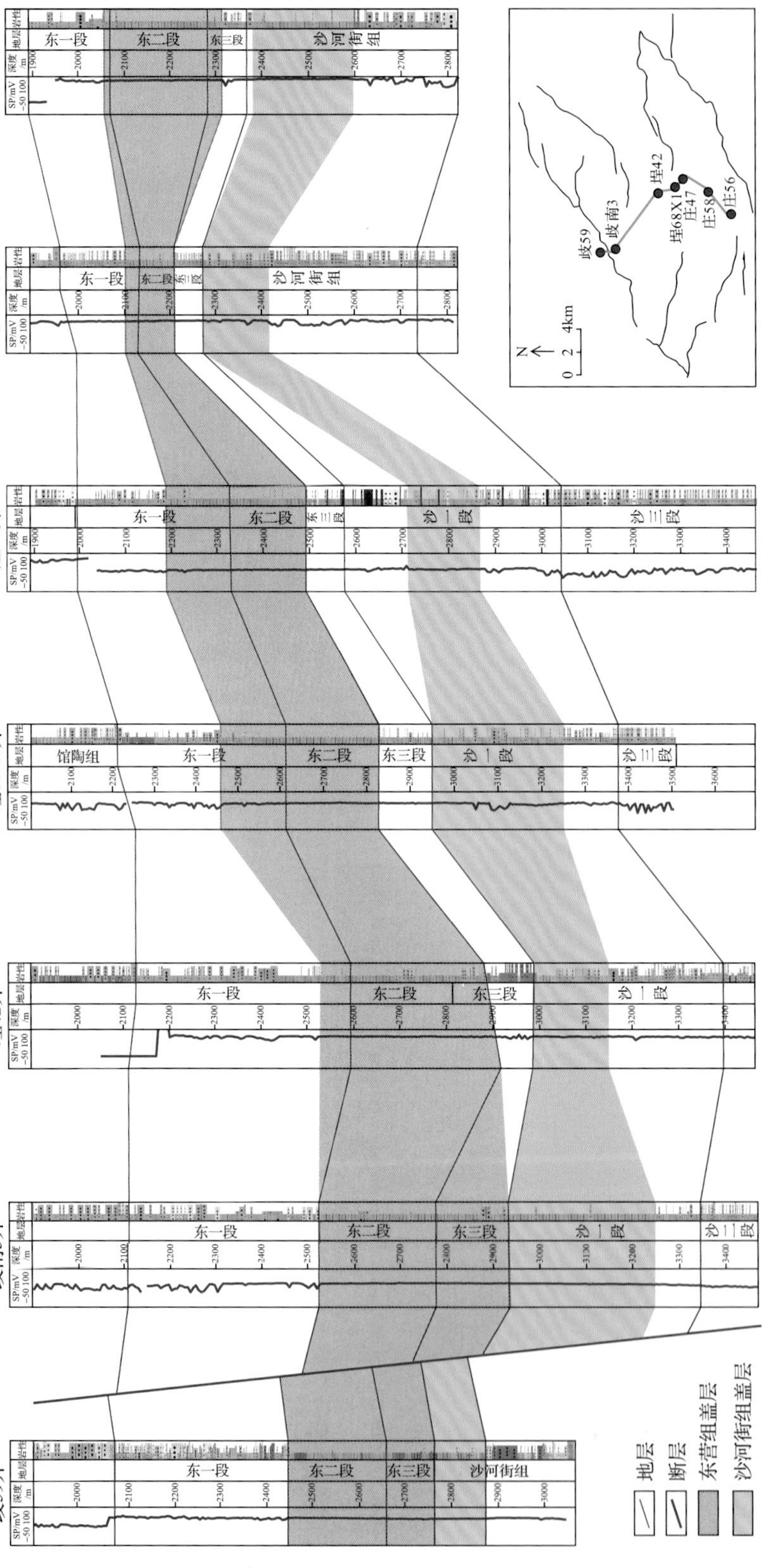

图5-41 岐南斜坡区盖层分布图

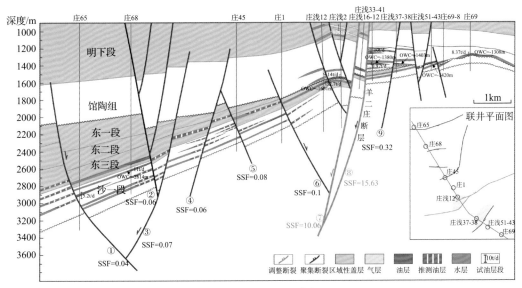

图 5-42 歧南斜坡区油藏剖面图

存在一定的分布规律。随着断距的增加，盖层厚度较大的位置分布着更多的油井，而盖层厚度较小的位置水井相对分布，图 5-43 内散点存在一条明显分割油水分布的趋势线，趋势线以上多数分布着油井，趋势线以下则为水井，所以该趋势线可作为定量厘定油水纵向分布的方法(图 5-43)。该趋势线代表的函数与 SSF 吻合，可用 SSF 定量评价垂向封闭性，因此歧南-埕北地区沙一中亚段盖层垂向封闭性采用 SSF 定量厘定。

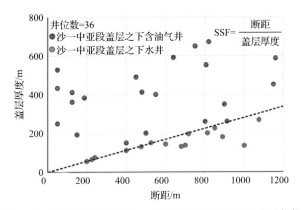

图 5-43 歧南-埕北地区沙一中亚段盖层垂向封闭临界条件

针对歧南斜坡东二段盖层，基于盖层上下油气分布与断距和盖层的关系，表明存在临界断距和盖层趋势线，但趋势线与沙一中亚段存在一定差异，该差异的存在与两套盖层性质不同有关，东二段盖层埋深较浅，其所受温度与围压等地质条件与沙一中亚段盖层均有差异，在遭到断层破坏时属脆性变形，应采用断接厚度对其垂向封闭性进行评价(图 5-44)。

南大港断裂作为歧南-埕北区典型的同向断裂，其上盘分布着多个断块圈闭。基于地球化学测试证据，并结合泥岩涂抹系数这一断层垂向封闭性定量评价标准，可以建立歧

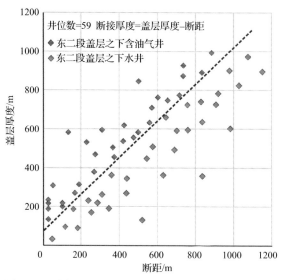

图 5-44 歧南-埕北地区东二段盖层垂向封闭临界条件

南斜坡区沙一中亚段油气垂向调整临界 SSF 值,该临界 SSF 值为 3.50~3.65。当 SSF<3.50 时,泥岩涂抹连续,断层垂向封闭,当 SSF>3.65 时,泥岩涂抹不连续,油气会沿着断层发生垂向渗漏(图 5-45)。

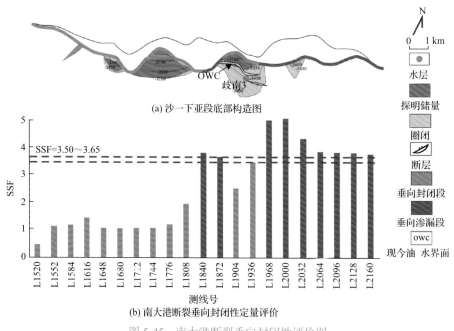

图 5-45 南大港断裂垂向封闭性评价图

歧南 3 井位于南大港断裂上盘的一个断块圈闭中,该断块圈闭在沙一下亚段储层中具有较大的储量范围,但并未满圈含油[图 5-45(a)],为了还原该井所在的断块圈闭地质历史时期的油气运移情况,对歧南 3 井沙河街组储层系统取样,并进行颗粒荧光分析(图 5-46)，确定该断块圈闭现今水层中至少曾存在厚度约 100m 的古油藏，即该断块圈闭在地质历史时期具有更大的储量范围，由于控圈断裂南大港断裂的持续活动导致油气沿着断裂发生垂向渗漏，形成了现今的储量范围。

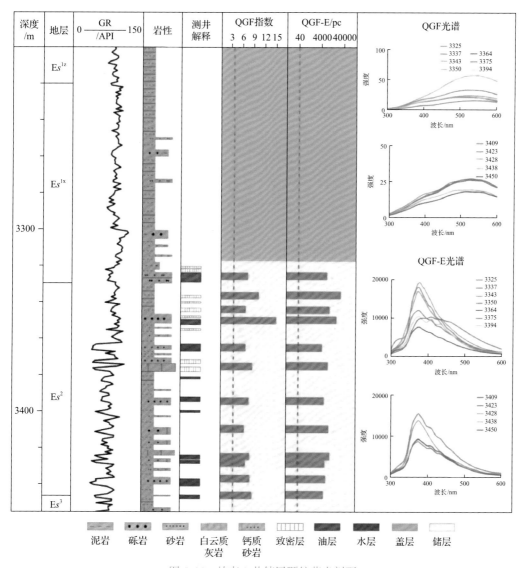

图 5-46　歧南 3 井储层颗粒荧光剖面

基于 SSF 临界值可以对歧南斜坡沙一中亚段盖层连续性整体进行评价，进而可知断层垂向封闭性，并可以对歧南斜坡纵向油气分布做出合理解释(图 5-47)。

歧南斜坡羊二庄断裂上盘断块圈闭内部油气具有多层系富集的规律，采用断接厚度评价方法并结合地球化学指标可以对其油气分布规律进行解释。庄浅 12 井所在圈闭在沙一下亚段未能聚集油气，但 QGF 指数及 QGF-E 均大于临界值，表明该圈闭在地质历史时期聚集过油气，结合地球化学测试结果，采用断接厚度对羊二庄断裂沙一下亚段进

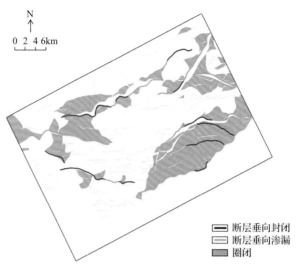

图 5-47 歧南斜坡区沙一下亚段断层垂向封闭性评价

行断层垂向封闭性评价，评价结果表明羊二庄断裂在沙一下亚段垂向不封闭，油气沿着断裂发生渗漏，致使沙一下亚段未能聚集油气，油气调整至浅层发生二次成藏(图 5-48)。

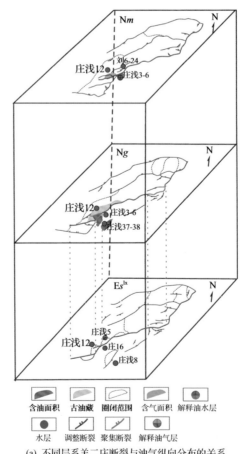

(a) 不同层系羊二庄断裂与油气纵向分布的关系

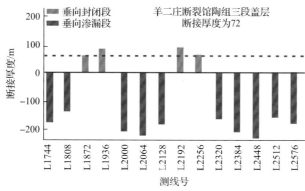

(b) 庄浅12井油气地球化学示踪

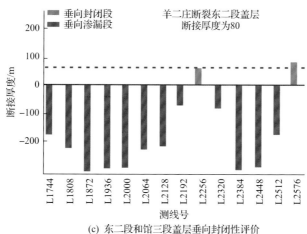

(c) 东二段和馆三段盖层垂向封闭性评价

图 5-48　羊二庄断裂垂向封闭性评价及地球化学测试证据

六、综合地质评价

　　前面从油气成藏条件、不同含油气组合油气分布规律及成藏关键要素的精细刻画对歧南-埕北地区开展研究，歧口-埕北地区尽管油气藏分布较复杂，成藏主控因素在不同构造部位存在一定差异，但近几年持续勘探证实，该地区油藏埋藏适中，含油目的层多、油层物性好、产量高，具有优越成藏背景，勘探前景良好。以浅层馆陶组为目的层，精细开展构造与沉积砂体的重新落实，并基于前面的分析结果，进一步开展精细地质评价与勘探潜力分析。

（一）构造精细落实

歧南–埕北地区是古近纪发育起来的继承性斜坡带，斜坡结构决定了该地区中高部位是油气运移的主要指向。但歧南地区与埕北地区结构差异性影响了油气运移差异性，进而控制了油气聚集成藏的差异性。

为了精细刻画圈闭与油气运移通道，需要精细落实浅层构造特征。因此将钻井与地震结合进行标定，确定了该地区四个层位的主要层序地层界面：明化镇组、馆一段、馆二段、馆三段，并进行层序界面追踪和闭合，在建立研究区等时层序地层格架基础上，开展等时层序地层格架约束下解释密度为5×5的精细构造解释(图5-49)。

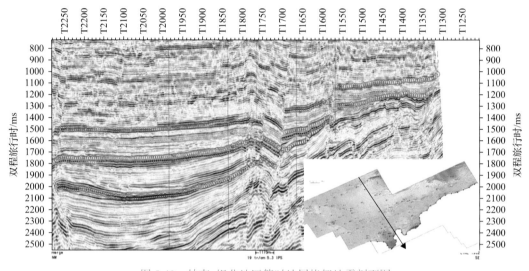

图 5-49 歧南–埕北地区等时地层格架地震剖面图

通过对明化镇组底、馆一段底、馆二段底、馆三段底四个层位精细构造解释，进一步落实了各层系断裂展布与构造样式。由图5-50可知，本次构造精细解释结果与前期构

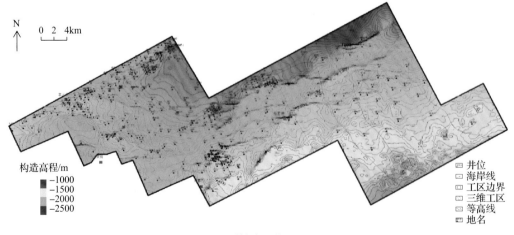

(a) 精细解释结果

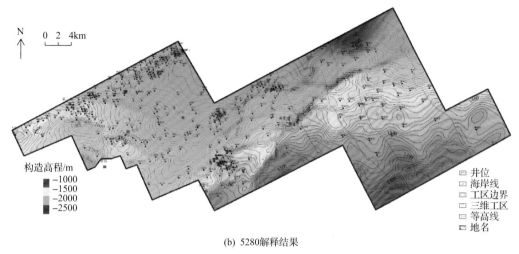

(b) 5280解释结果

图 5-50 歧口凹陷斜坡区精细解释结果与 5280 解释结果对比图

造解释存在比较明显的变化：一是羊二庄断裂的雁列展布特征更加明显，总体上呈北东向展布，由于受到走滑转换影响，该断裂在浅层为三组断裂呈雁列式排列；二是中高部位刻画出早期未认识到的低幅度圈闭，早期认识的鼻状构造在其高部位可以刻画出多个低幅度背斜；三是沟谷体系展布相比早期要复杂，比如早期认识的高部位主要由四条沟谷体系组成，通过本次精细解释，这四条沟谷体系实际由多条分支体系构成。因此，构造的精细解释给该地区主干断裂的分布、浅层低幅度圈闭的落实、油气运移通道的刻画奠定了新的基础，也对我国东部高勘探程度地区精细勘探部署具有重要的借鉴意义。

(二)沉积砂体落实

以层序地层学为指导，充分利用区域构造背景、钻\测井及地震等资料，在层序地层格架的约束下，以单井相及连井相分析为基础，通过井震结合的地震相，综合识别沉积体系类型，并进行地震属性分析，结合构造-古地貌、构造-沉积、地质-地震等综合因素展开沉积体系分析。

馆陶组以辫状河沉积为主，且底部冲刷面非常发育，辫状河道砂体为主要储集砂体，溢岸沉积并不发育，馆陶组各时期表现出分布不均一的特征。辫状河道砂体岩性为杂色砂砾岩或浅灰色含砾不等粒砂岩，自然电位曲线多呈箱形或钟形。由于水动力较强且不稳定，河道沉积物以粗粒碎屑为主，分选差，层理不发育，因此通常也表现为低频率、弱连续性的同相轴特征。河道间岩性为灰绿色泥岩或紫红色泥岩，自然电位曲线低平且幅度差小。由于不受水动力影响，沉积过程极为稳定，其岩性以厚层泥岩为主，内部基本不形成地震反射界面，因此一般呈杂乱型地震相特征。

馆三段沉积时期地层发生大范围掀斜，风化作用使单斜地层翘起端遭受剥蚀，并于再次接受沉积时形成削截不整合。此时南部和东部馆三段普遍缺失，研究区位于河道上游部位，在古沟槽的控制作用下，自不整合边界向主凹方向以发散状尖灭线为分界点发育多支河道后，快速发生汇聚，河道宽度较大，分布范围较广，规模上，单期河道宽度为2～3km，汇聚后宽度可达10km以上(图5-51)。在沉积充填作用下，馆三段古沟槽被逐渐填平，馆二段尖灭线也向南迁移至研究区外，此时沉积物供应较弱，河道呈多支条带状向主凹方向展布，宽度较小。研究区内河道以分散状为主要特征，规模上，单期河道宽度为1.5～2km(图5-52)。馆一段沉积时期地层尖灭线继续向南迁移，此时沉积物供应增强，河道自尖灭线处向主凹方向呈条带状展布，在研究区汇聚，河道宽度变大，规模上，单期河道宽度为2～3km，汇聚后宽度可达10km(图5-53)。

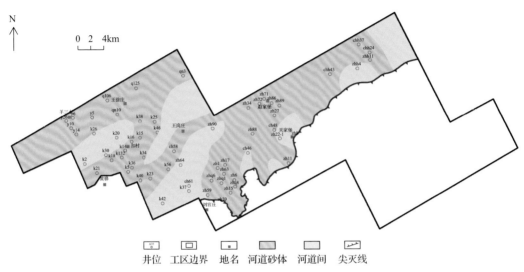

图5-51 歧南-埕北地区馆三段沉积体系图

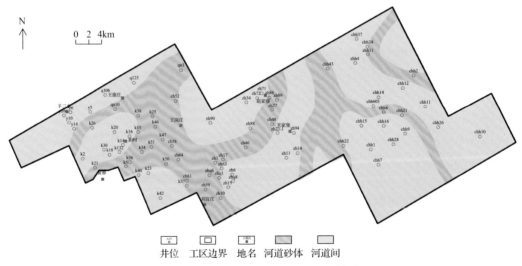

图5-52 歧南-埕北地区馆二段沉积体系图

(三)精细区带评价

在构造特征、圈闭时间与空间有效性、油气运移规律、成藏期后断裂再活动的基础上，开展了构造精细落实与沉积砂体展布刻画。基于上述工作，开展歧南-埕北地区浅层馆陶组精细地质评价。首先建立了复杂断块油气藏有利区带优选的原则(表 5-2)，主要考虑断块圈闭的有效性、油气源断裂的垂向优势运移通道类型、距离优势运移通道的远近。

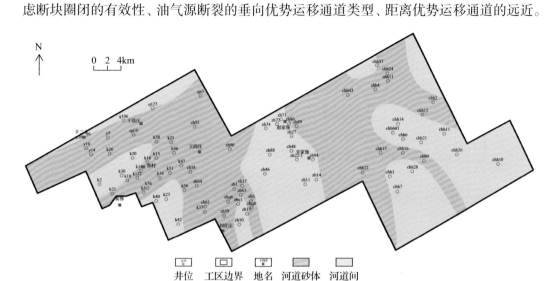

图 5-53　歧南-埕北地区馆一段沉积体系图

表 5-2　复杂断块油气藏领域区带精细地质评价参数标准

参数	评价分级	Ⅰ类区带	权重值	Ⅱ类区带	权重值	Ⅲ类区带	权重值	权重值
	评价分值	75～100		50～75		25～50		
油源落实与质量	有效供油区面积	>150km²	4～5	100～150km²	2～4	50～100	1～2	6～11
	有效烃源岩厚度	>500m	4～5	300～500m	3～4	100～300	2～3	
	生烃强度	>1000 万 t/km²	4～6	600～1000 万 t/km²	3～4	200～600 万 t/km²	1～3	
	有机碳含量	>2%	5～6	1%～2%	3～5	0.5%～1%	2～3	
构造带	复杂断裂构造带	伸展-张扭断裂带	6～8	扭张-张扭断裂带	4～6	其他	2～4	2～4
圈闭类型、规模及有效性	主要圈闭类型	断层圈闭	6～8	断层-岩性	4～6	岩性为主	2～4	6～11
	圈闭面积	>20km²	4～6	10～20km²	3～4	0～10km²	2～3	
	圈闭有效性	>200	6～8	100～200	4～6	50～100	2～4	
运移条件	垂向优势运移通道类型	Ⅰ类	5～7	Ⅱ类	3～5	其他	1～3	2～6
	距离优势运移通道远近	0～5km	5～7	5～10km	3～5	>10km	1～3	
保存条件	断层侧向封闭能力(SGR)	>25%	6～8	20%～25%	4～6	18.3%～20%	2～4	4～8
保存条件	盖层垂向封闭能力 脆性盖层(FJT)	>80m	6～8	70～80m	4～6	<70m	2～4	4～8
	脆韧性盖层(SSF)	<3.14	6～8	3.14～3.19	4～6	>3.19	2～4	

续表

参数	评价分级	I 类区带		权重值	II 类区带		权重值	III 类区带		权重值
	评价分值	75～100			50～75			25～50		
区带规模	区带面积	>200km²	8～10	8～10	150～200km²	6～8	6～8	50～100km²	3～6	3～6
勘探前景	勘探价值	近期	6～8	6～8	中期	4～6	4～6	中长期	2～4	2～4

基于断层侧向封闭能力以及不同力学性质盖层的垂向封闭能力，通过前面的定量分析，建立各类控制因素三类等级有利区带划分的临界条件。

根据以上有利区优选原则，对歧南斜坡区进行有利区带优选，综合各方面成藏条件，在歧南斜坡区优选出两个有利区带。

有利区带优选主要参考表 5-2 的优选标准，但针对歧南-埕北地区的实际地质情况，主要考虑以下几方面的条件，分别是圈闭条件、油气源断层输导条件、遮挡断层侧向封闭能力、运移条件和调整断层的垂向封闭能力五个方面。根据前面所述成藏条件，油气源断层为油气的富集提供了运移条件，当遮挡断层断距普遍大于侧向封堵风险断距时有利于油气保存，而当调整断层垂向封闭能力 SSF 小于临界值时有利于深部沙三段油气的保存。

如前所述，歧南-埕北地区中低斜坡部位烃源岩相对发育，主力烃源岩层系为沙三段，其次为沙一段，目前已经进入中-高成熟阶段。中低部位生成的油气首先通过油源断裂沟通运移至沙一中亚段以上，再通过砂岩输导体系向上运移至中高部位，即中浅层。油气在横向输导路径上，遇到侧向封闭断层可就近聚集，或顺向运移至其他部位，直至在有效圈闭内聚集。因此，根据油气运移通道刻画、有效圈闭厘定以及构造精细落实与砂体展布分析，综合复杂断块油气藏精细地质评价参数标准，对歧南-埕北地区馆一段、馆二段、馆三段三个层段开展区带综合评价与有利圈闭优选，以进一步落实勘探潜力。

从歧南-埕北地区区带评价结果来看（图 5-54～图 5-56），尽管该地区勘探程度较高，

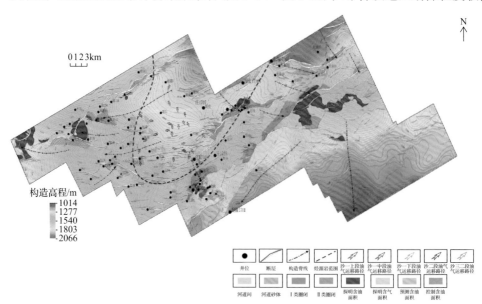

图 5-54　歧南-埕北地区馆一段综合评价图

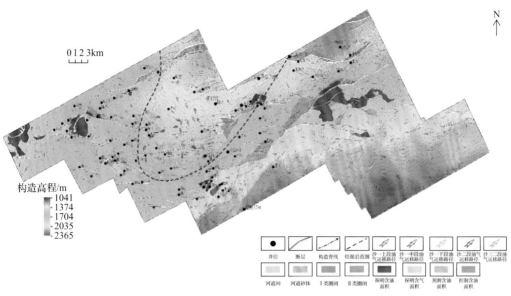

图 5-55　歧南-埕北地区馆二段综合评价图

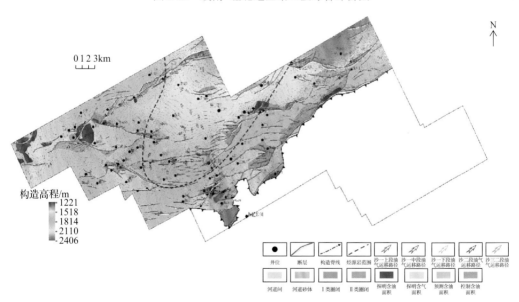

图 5-56　歧南-埕北地区馆三段综合评价图

但中高部位仍然存在油气优势运移路径上的断鼻构造以及低幅度背斜，仍是下一步勘探的有利方向。

第六章　板桥地区复杂构造油气藏地质评价

第一节　油气分布规律及其与断裂的关系

一、油气成藏条件与含油组合划分

板桥凹陷在新生界主要有两套烃源岩，分别是沙三上亚段和沙一下亚段。沙三段有效烃源岩厚度为400～1400m，为凹陷内的第一套，也是最主要的生油层系，该套烃源岩偏腐殖型，有机质含量高，有机质丰度 0.6%～1.25%，沙三段由于埋深较大，演化程度高，R_o一般小于1.2%，板桥次凹中深层以生气为主。沙一下亚段烃源岩偏腐殖型，有机质含量较高，热演化程度比较适中，板桥次凹以低成熟为主，R_o一般小于0.7%。

新生界储集层主要包括渐新统沙河街组三段、沙河街组二段及沙河街组一段，新近系馆陶组和明化镇组。主要发育三套区域盖层，自下而上分别是沙三 1+2 亚段泥岩、沙一中亚段泥岩和东二段泥岩(图 6-1)。

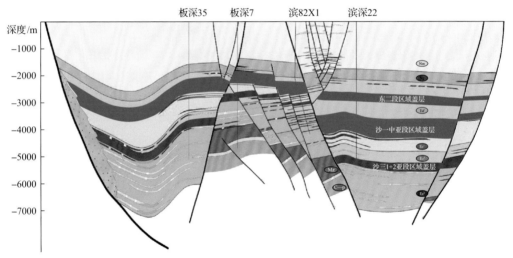

图 6-1　板桥凹陷含油气系统分布图

受沙一段中上部泥岩区域盖层分隔，板桥地区油气在纵向上分成上下两套油气组合：下部原生油气组合分布在沙一段盖层之下，分布层位为沙一下亚段、沙一中亚段、沙二段、沙三段；上部次生油气组合分布在沙一段盖层之上，分布层位为沙一上亚段、东营组、馆陶组、明化镇组，分布在滨海断裂及港东断裂边部。

不同油气组合中，由于储盖组合特征、油气运聚条件等差异，形成不同类型的油气藏，板桥地区新生界主要形成四类油气藏：①沙三段自生自储型油气藏；②沙二段、沙一下亚段自生自储、下生上储型油气藏；③沙一中、沙一上和东营组自生自储、下生上储型油气藏；④新近系(馆陶组、明化镇组)下生上储型油气藏。

二、油气分布规律

板桥凹陷位于渤海湾盆地黄骅拗陷的中北部，为一北东向展布的单断箕状凹陷。凹陷主要发育沙三段、沙一段和东三段三套烃源岩，东三段烃源岩 R_o 普遍小于 0.5%，为未熟—低熟源岩，不是主力生油源岩。沙三段烃源岩排烃主要发生在东营组沉积末期，控制形成气藏、凝析气藏，沙一段烃源岩排烃发生在明化镇组沉积末期，易形成油藏。

板桥地区新生界主要有四套生储盖组合，即沙三段泥岩区域盖层和其内部及下部储层组成的深部储盖组合；沙一段中上部泥岩区域盖层和其下部砂岩储层组成的下部储盖组合；东二段泥岩区域盖层和东营组砂岩储层组成的中部储盖组合；明化镇组泥岩盖层和砂岩储层组成的上部储盖组合。

上部油气组合由中部和上部储盖组合构成，下部油气组合由下部和深部储盖组合构成。区域性的泥岩盖层为油气保存提供有利条件。

从油气纵向分布规律上看，油主要受沙一段中上部泥岩盖层和东营组泥岩盖层控制（图 6-2），只有少数井在馆陶组和明化镇组有油，上部油气组合平面上主要分布在北大港油田（图 6-3），活动性强的滨海断裂及港东断裂控制了上部油气组合分布，断裂-盖层配置关系是控制上部油气成藏的关键。

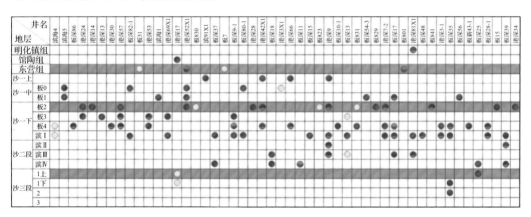

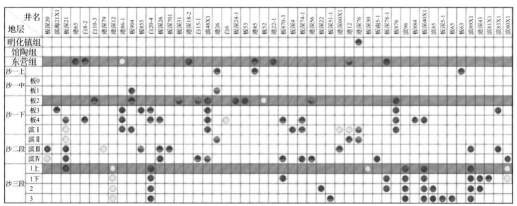

● 油层　○ 气层　● 油气层　● 油水同层　● 气水同层　● 含水油层　○ 油气显示　● 水层

图 6-2　板桥地区油水纵向分布图

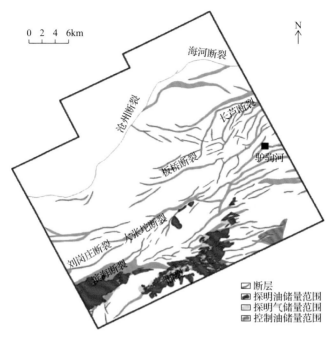

图 6-3　板桥地区上部油气组合油气藏分布图

下部油气组合的油气主要富集在板桥地区南部的中央隆起带上，该隆起带构造形态为南高北低的鼻状构造，受大张坨断裂分隔可分为板桥断裂构造带和北大港断裂构造带（图 6-4）。板桥断裂构造带是发育在大张坨断裂上盘的低幅度断鼻构造，该构造自深向浅也具有一定的继承性；北大港断裂构造带是发育在大张坨断裂下盘与港东断裂之间的地垒状凸起上（图 6-5）。

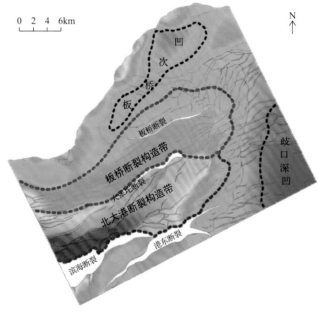

图 6-4　板桥地区构造带划分

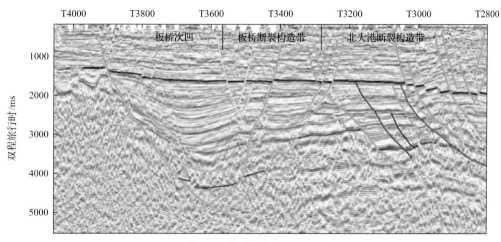

图 6-5　构造带剖面划分图

　　不同构造带油气富集层位存在差异，具有特定的油藏分布序列，在空间上互相叠置、衔接连片，构成规模较大的复式油气聚集带。不同层位的油气分布范围的差异具体表现为：从沙三段至沙一下亚段油气分布范围逐渐增大，而沙一中亚段油气急剧缩小，这主要受隆起带的构造面貌和砂岩分布的影响。

　　下部油气组合的不同层位构造带发育程度控制油气分布，在沙三段板桥断裂构造带不发育，油气仅聚集在北大港断裂构造带[图 6-6(a)]。

　　板桥断裂构造带自沙二段之上开始发育，油气在两个断裂构造带均有聚集，油源断裂边部隆起是有利聚油部位，并且该构造向浅层隆起幅度逐渐增加，沙一段下部板桥断裂构造带进一步发育幅度增加，含油气面积进一步扩展[图 6-6(b)]。

　　沙一中亚段构造形态与沙一下亚段具有继承性，但油气分布范围非常局限(图 6-6)，主要受控于砂体分布(图 6-7)，控藏的三角洲前缘砂体只在研究区东北部分布(图 6-8)。

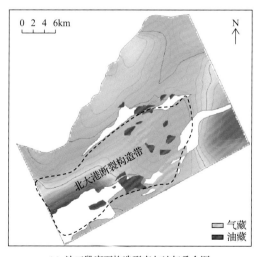

(a) 沙三段底面构造形态与油气叠合图

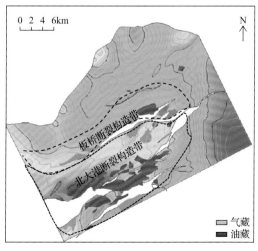

(b) 沙二段底面构造形态与油气叠合图

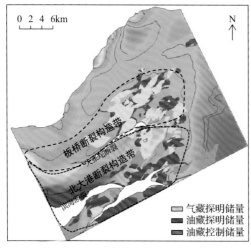

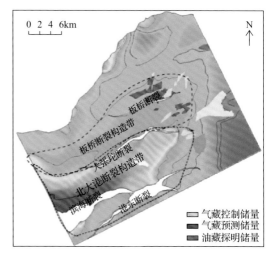

(c) 沙一下亚段顶面构造形态与油气叠合图　　　　(d) 沙一中亚段底部构造形态与油气叠合图

图 6-6　下部油气组合的不同层位油气分布

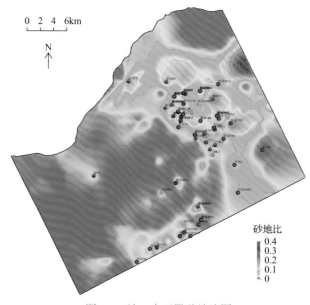

图 6-7　沙一中亚段砂地比图

总结以上，板桥凹陷油气主要分布在中央隆起带上，平面上在隆起带不同层位构造面貌差异控制油气分布范围不同。

三、断裂对油气分布的控制作用

板桥断裂、大张坨断裂作为凹陷内部最主要的分区断裂，具有多期活动的特点，平面上不同部位活动性差异明显，对于区内油气藏的形成与分布起着至关重要的影响。

大张坨断裂长期活动控制下盘断块掀斜，圈闭较为发育，而板桥断裂发育较晚，断

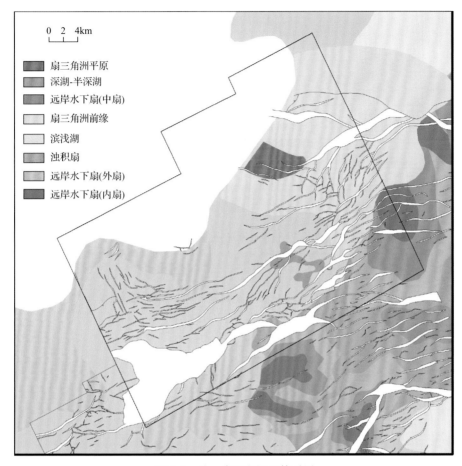

图 6-8　沙一中亚段沉积体系图

层相关圈闭早期不发育，所以沙三段油气主要分布在大张坨断裂下盘，沙二段之后，大张坨断裂和板桥断裂活动，形成滚动背斜，板桥断裂构造带发育幅度逐渐增加，油气分布范围扩大。沙一中亚段油气受砂体分布影响在隆起带北段的砂岩发育区聚集。

　　板桥地区的古近系中主要受沙一中亚段、东二段两套区域性盖层遮挡，且油气纵向上在多个层系均有分布，断裂再活动是油气纵向多层系富集的重要因素。油气分布总体上表现为油气受沙一段中上部泥岩区域盖层封盖，主要分布在沙三段、沙二段和沙一下亚段储层，沙一段之上的东营组、馆陶组和明化镇组油气受后期强活动断裂控制分布在滨海断裂和港东断裂边部(图 6-9)。

　　断裂-盖层配置关系控制油气纵向分布层位，从板桥地区断块圈闭内部沙一中亚段盖层上下的油气分布显示，不同井点所在的断块圈闭，其内部断裂-盖层配置关系与油气纵向显示存在一定的分布规律。随着断距的增加，盖层厚度较大的位置分布着更多的油井，而盖层厚度较小的位置水井较多。

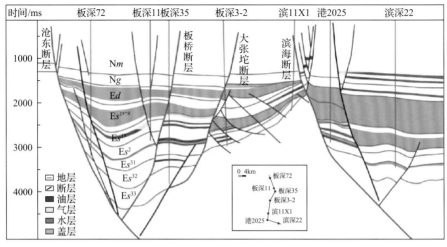

图 6-9 板桥凹陷区域油藏剖面

第二节 复杂断裂带精细地质评价

一、构造特征

板桥地区位于渤海湾盆地黄骅拗陷歧口凹陷西北部、沧东断裂东南侧，夹持于沧东断裂和滨海断裂系之间，为一大型旋转掀斜斜坡(图 6-10)，勘探面积为 560km²。板桥地

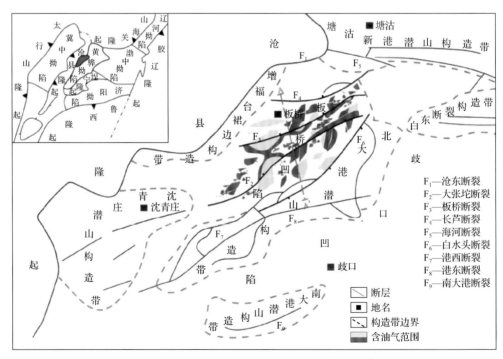

图 6-10 板桥地区区域构造位置及主干断裂分布

区油气资源丰富,自 1973 年板 3 井于沙一下亚段首获工业油气流以来不断有所发现,目前已发现大张坨、板桥和白水头 3 个油气田。1974 年板桥油田投入开发,至今形成两个产油高峰,1979 年年产油 32.1 万 t,年产气 6.4 亿 m³,1999 年年产油 32.8 万 t,年产气 3.3 亿 m³,累计采油 966.1 万 t,累计采气 80.03 亿 m³。2010 年以来年产油量稳定在 19.5 万 t,年产气 1.5 亿 m³。

板桥地区受沧东断裂、滨海断裂系活动和港西凸起隆升共同控制,特别是沧东断裂对斜坡构造发育影响较大。古近纪以来,沧东断裂持续活动使其上盘断块旋转翘倾,同时斜坡南部的港西凸起继承性隆起,形成板桥斜坡区。板桥地区以凹陷中心轴线为界划分为陡坡区和缓坡区(图 6-11),其中缓坡区以大张坨断裂为界,又可划分为板桥高斜坡带和板桥低斜坡带。

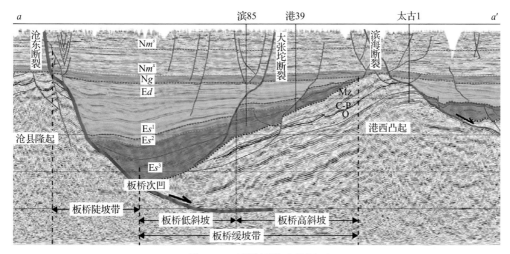

图 6-11　板桥斜坡地震剖面

板桥地区于沙三段沉积早期开始发育,活动持续至东营组沉积末期。沙三段沉积时期,沧东断裂与滨海断裂系之间断块旋转掀斜幅度最大,构造沉降速率变化大,形成产状较陡的斜坡构造;沙一段沉积时期两大基岩断裂之间翘倾活动继承发育,但由于北部海河断裂强烈活动,板桥地区北部差异沉降速率加快,斜坡北倾幅度加大,产状进一步变陡,同时受重力及伸展作用双重影响,形成大张坨断裂,将斜坡分割为高斜坡、低斜坡两个次级单元;至沙一段沉积晚期,板桥地区定型。

二、圈闭的形成时期与时间有效性

对采自港深 7-2 钻井裂隙中的流体包裹体进行研究,结果表明研究区在古近纪至少发生了两期热流体侵入活动,第一期发生在东营组沉积末期至明化镇组沉积早期,第二期发生在明化镇组沉积末期至第四纪,第二期为本区油气的关键成藏期,为本区油气的最晚聚集期,这一时期形成的油气藏经过调整最终形成现在的油气分布格局。

大张坨断裂总体呈北东东走向,断面北倾,剖面上呈上陡下缓的铲状,大张坨断裂沿走向发育具有分段性的特点,平面上其垂直断距自西向东逐渐减少,垂向上其断距自下而上逐渐减小，沙河街组最大落差达 1200m。断裂活动强度自下而上逐渐减弱，沙河街组和东营组沉积时期是大张坨断裂的主要发育期。采用最大断距回剥法可以直观地反映断块圈闭演化过程，通过大张坨断裂现今断距-距离曲线，将现今断距回剥至明化镇组沉积时期，发现明化镇组沉积时期沙一下亚段大张坨断裂上盘圈闭未能形成，因此不具有时间有效性。大张坨断裂上盘圈闭形成时间不具有时间有效性是其未能聚集油气的重要原因之一（图 6-12）。

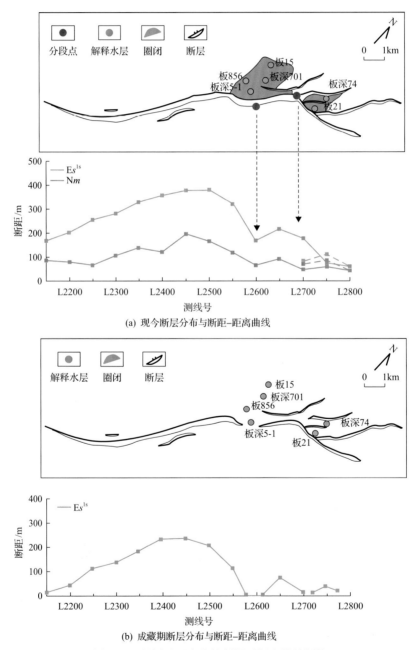

(a) 现今断层分布与断距-距离曲线

(b) 成藏期断层分布与断距-距离曲线

图 6-12　板桥地区大张坨断层时间有效性评价

三、油源断层及垂向运移规律

在板桥地区，大张坨断裂是延伸最远、断距最大、活动时间最长的一条二级断裂，对板桥地区地层发育、沉积体系及油气分布影响较大，尤其在导通深部烃源岩和浅部新生界储层，作为垂向运移通道方面起到了重要作用。下面以大张坨断裂为例，对板桥地区的断裂输导性能进行精细评价。

(一)板桥断裂活动演化特征

大张坨断裂平面呈近北东向展布，呈弧形，延伸距离约为20km，断面向西北方向倾斜。通过埋深-断距曲线联合断裂生长指数可以确定大张坨断裂的主要活动时期(图6-13)，主要是沙三段沉积时期、东营组沉积时期和馆陶组—明化镇组沉积时期，在沙二段至沙一段沉积时期断裂基本不活动，属于埋藏期。根据成藏期确定结果，板桥地区主要有两期成藏，分别是东营组沉积末期和明化镇组沉积末期，并以明化镇组沉积末期为主，因此，结合断裂活动时期和烃源岩大量排烃期，明化镇组沉积末期是主要的断裂活动开启并大量排烃的时期。

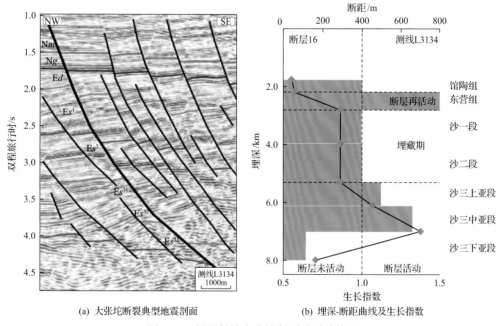

(a) 大张坨断裂典型地震剖面　　　　(b) 埋深-断距曲线及生长指数

图6-13　板桥斜坡大张坨断裂及活动特征

由于明化镇组沉积末期之后，断裂活动非常微弱，断层断距的变化及断层面本身形态的变化不大，即关键成藏期(明化镇组沉积末期)的断层面形貌与现今断层面形貌基本一致，因此，可以直接用现今断层面属性特征来刻画成藏关键期的断层面特征。

(二)板桥断裂断层面属性计算及优势运移通道刻画

在三维地质建模的基础上，对断层面的几何学属性进行提取，主要包括反映断层面凹凸形态变化特征的倾角变化、走向变化、表面梯度等[图 6-14(a)]。同时通过三维地质建模可以计算出断盘沿凹凸断层面滑动的真实位移，其代表了断层真实的滑动量，根据天然地震研究的结果，断层面凹凸体的部位一般是滑动量最大的部位。基于以上的分析，综合多个几何学属性及真实位移可以定量刻画出断层面上变化比较显著的凹凸体范围，大张坨断裂共发育有 5 个明显的凹凸体[图 6-14(a)]，相比断层面其他位置，具有倾角较大、表面梯度变化明显、滑动量较大的特征。另外，可提取断层面的曲率属性，根据前人的研究，在构造成因裂缝的前提下，曲率与裂缝之间有着一定的函数关系，即曲率越大，表明构造裂缝越发育。由大张坨断裂曲率变化可以看出[图 6-14(a)]，断层面脊、槽部曲率变化明显，而凹凸体处曲率较大，为高的裂缝集中带，并且大张坨断裂东部的 3 个凹凸体的曲率更大，证明是流体渗滤的相对高孔渗带。

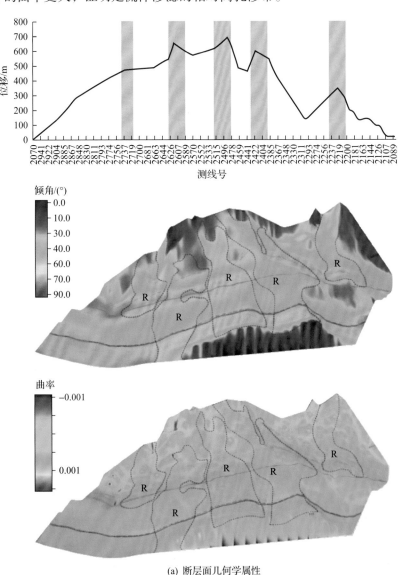

(a) 断层面几何学属性

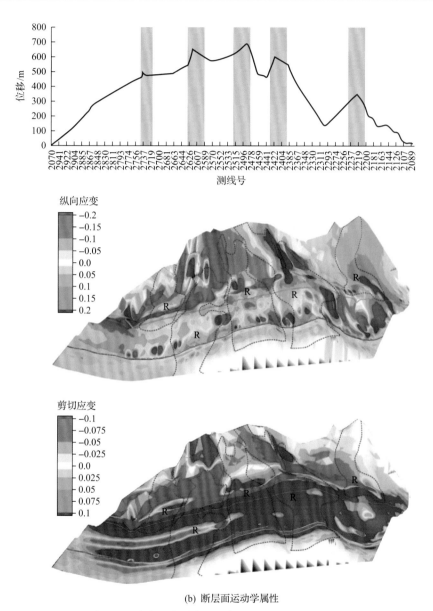

(b) 断层面运动学属性

图 6-14　大张坨断裂断面几何学属性和运动学属性

由图 6-14(b)可以看出，大张坨断裂东部 3 个凹凸体纵向应变较大，并且其真实位移也较大，说明一方面在断裂带内容易形成较大空间，提高渗透率；另一方面，上盘变形更显著，更容易形成断裂相关褶皱，具备圈闭条件。此外，对剪切应变进行提取，同样可以看出，大张坨断裂东部 3 个凹凸体剪切应变更大，代表这 3 个部分更容易破坏上部遮挡层，是油气垂向运移更多的层位[图 6-14(b)]。

大张坨断裂的 5 个凹凸体基本都发育于断裂的特殊部位，其中，③、④和⑤号凹凸体发育于断裂走向发生变化的弯曲拐点，而①②号凹凸体发育于主干断裂与次级断裂的交汇点(图 6-15)。

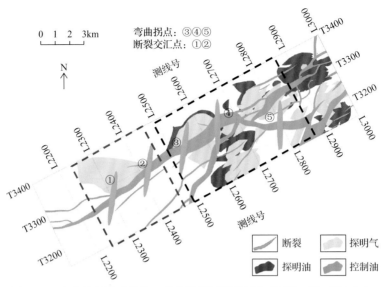

图 6-15 大张坨断裂凹凸体、优势输导通道及油气藏(沙一下亚段)分布

综合以上分析可知，大张坨断裂断层面的 5 个凹凸体中，东部的 3 个凹凸体具备以下优势条件：①几何学属性倾角变化、走向变化及表面梯度等较大，表明凹凸体规模较大；②对应的真实位移(滑动量)较大，表明在这 3 个部位的断裂带内容易形成较大空间，提高渗透率；③曲率较大，为高的裂缝集中带，证明是流体渗滤的相对高孔渗带；④纵向应变较大，表明上盘变形更显著，更容易形成断裂相关褶皱，具备圈闭条件；⑤剪切应变更大，更容易破坏上盘遮挡层，是油气垂向运移更多的层位。

因此，大张坨断裂东部的③、④和⑤号凹凸体是其在明化镇组沉积末期发生油气运移的优势运移通道(图 6-15)。而与目前油气藏分布的对应关系可以作为最直接的油气运移证据，从图 6-15 中可以看出，东部 3 个凹凸体附近的油气藏非常发育，而西部 2 个凹凸体处的油气藏很少。

四、断层侧向封闭性及油气聚集

通过对比断层两侧油水关系，确定断层两侧油-水界面是否具有差异，如若断层两侧油-水界面具有明显差异，则可以确定断裂起到了分隔油水的作用，即断裂具有一定的封闭能力。通过统计这类断裂两侧油水单元的油-水界面和烃柱高度，可以确定其封闭的烃柱高度和支撑的过断层压差，为后续的断层侧向封闭性评价模型的构建提供数据支撑。

为定量表征断裂的侧向封闭能力，统计了板桥地区断块油气藏圈闭要素(表 6-1)，确定了控圈断裂两侧的油、气、水关系，在不同深度下断层承受的两盘流体压力差(图 6-16)，即断裂封闭压差。进一步结合地震解释成果和井数据(分层、曲线、试油数据等)，计算了断层面的 SGR 分布。通过统计 16 个断裂相关圈闭内部 174 个断裂控圈部位的断裂封闭压差和 SGR 最小值的对应关系，得出了断层侧向封闭能力的上限包络线(图 6-17)，确定了两者的定量关系[式(6-1)]。依据断裂封闭压差与对应烃柱高度的定量关系[式(6-2)]，进一步明确了断裂封闭烃柱高度与 SGR 的定量关系[式(6-3)]。

$$AFPD = 0.0201SGR - 0.3764 \tag{6-1}$$

$$AFPD = (\Delta\rho_w - \Delta\rho_G)gH_G \tag{6-2}$$

表 6-1　板中储气库群圈闭要素

圈闭名	地质层位		圈闭溢出点/m	含油气高点/m	最深油-水界面/m	最深气-油(水)界面/m	含气幅度/m	含油幅度/m	控圈断层侧向控油气分析			
									断裂名	控圈范围/m		控制幅度
										低点深度	高点深度	
板中北	板2-1	西部断圈	−2790	−2710	−2790	−2765	55	25	板816井断裂	−2780	−2710	70
		东部断圈	−2720	−2690	−2730	−2725	35	5	板816井断裂	−2725	−2700	25
									板桥断裂	−2720	−2690	30
	板2-2		−2745	−2720	−2770	−2760	40	10	板816井断裂	−2770	−2750	20
									板桥断裂	−2745	−2710	35
	板2-3		−2765	−2735	−2765	−2760	25	5	板816井断裂	−2765	−2735	30
									板桥断裂	−2765	−2735	30
	板2-4		−2765	−2745	−2785	−2775	30	10	板816井断裂	−2785	−2745	40
									板桥断裂	−2785	−2745	40
板中南	板2-1	西部断圈	−2780	−2630	−2780	−2770	140	10	大张坨断裂	−2780	−2630	150
		东部断圈	−2730	−2585	−2740	−2730	145	10	大张坨断裂	−2730	−2595	135
									BZN-N1断裂	−2738	−2655	83
									BZN-N2断裂	−2705	−2656	50
									BZN-N3断裂	−2775	−2655	120
	板2-2		−2810	−2600	−2780	−2770	170	10	大张坨断裂	−2780	−2615	165
									BZN-N1断裂	−2780	−2680	70
									BZN-N2断裂	−2734	−2656	78
									BZN-N3断裂	−2808	−2650	158
	板2-3		−2710	−2680	—	−2740	60	—	BZN-N1断裂	−2740	−2680	60
	板2-4	西部断圈	−2860	−2700	−2765	−2755	55	10	大张坨断裂	−2765	−2700	65
		东部断圈	−2740	−2680	−2740	−2730	50	10	BZN-N1断裂	−2755	−2700	55
									BZN-N2断裂	−2770	−2720	50
									BZN-N3断裂	−2790	−2760	30

续表

圈闭名	地质层位	圈闭溢出点/m	含油气高点/m	最深油-水界面/m	最深气-油(水)界面/m	含气幅度/m	含油幅度/m	控圈断层侧向控油气分析			
								断裂名	控圈范围/m		控制幅度
									低点深度	高点深度	
板808	板2-1	−2725	−2665	—	−2730	65	—	板桥断裂	−2725	−2655	70
								B850-1	−2775	−2690	35
	板2-2	−2745	−2695	−2750	−2745	50	5	板桥断裂	−2745	−2695	50
								B850-1	−2790	−2715	75
	板2-3	−2765	−2720	−2775	−2765	45	10	板桥断裂	−2765	−2720	45
板808	板2-4	−2775	−2735	−2775	−2767	32	8	板桥断裂	−2782	−2725	57
								B850-1	−2775	−2745	30
大张坨板	板2-1	−2730	−2600	—	−2700	100	—	大张坨断裂	−2700	−2500	100

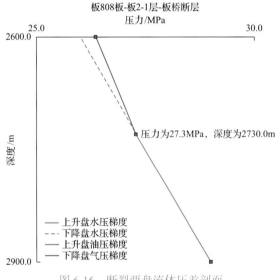

图 6-16　断裂两盘流体压差剖面

利用所建立的封闭性评价模型可对能够建立断层面模拟模型的断裂进行封闭能力评价，为圈闭有效性评价提供依据。通过计算未钻探圈闭控圈断裂 SGR 属性，依据断裂封闭烃柱高度与 SGR 的定量关系，可对该断裂封闭能力进行预测，得出主力含油层位控圈断裂封闭性平面分布(图 6-18)。采用此断裂侧向封闭性评价方法，可以对板桥地区断裂整体进行侧向封闭能力进行评价，确定断块圈闭的有效性，进而指导勘探开发过程中的有利区预测和井位部署。

五、成藏期后断裂再活动与油气垂向富集规律

板桥地区主要受东二段[图 6-19(a)]、沙一中亚段[图 6-19(b)]两套区域性盖层遮挡，

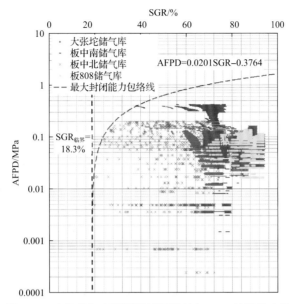

图 6-17 大港储气库群断裂封闭压差与 SGR 统计散点图

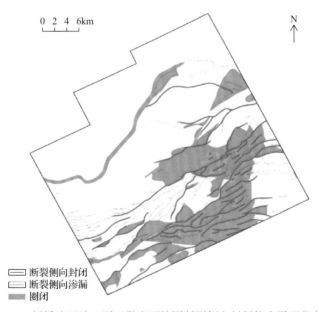

图 6-18 板桥地区沙一下亚段底面控圈断裂侧向封闭能力平面分布图

且在板桥地区北部的盖层为东营组至沙一中亚段连续分布,向南盖层纵向上不再连续(图 6-20),断裂再活动是油气纵向多层系富集的重要因素,断裂的产生或是重新活动都不利于油气藏保存。可以说断裂活动是导致油气藏破坏的一个极其重要、极其复杂的因素。当断裂规模较小时,只是分割油田,储量轻微减少;当断裂规模较大时,油气沿断裂大量散失,原生油气藏遭到破坏,甚至发生严重破坏。

板桥地区油气多分布于沙一中亚段盖层之下(图 6-21),通过对板桥地区断块圈闭内部沙一中亚段盖层上下的油气分布分析,不同井点所在的断块圈闭其内部断裂-盖层配置

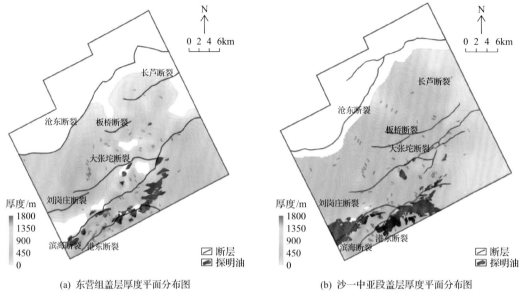

(a) 东营组盖层厚度平面分布图   (b) 沙一中亚段盖层厚度平面分布图

图 6-19 板桥地区盖层平面分布图

关系与油气纵向显示存在一定的分布规律。随着断距的增加，盖层厚度较大的位置分布着更多的油井，而盖层厚度较小的位置水井相对分布，散点图中存在一条明显分割油水分布的趋势线，趋势线以上多数分布着油井，趋势线以下则为水井，所以该趋势线可作为定量厘定油水纵向分布的方法(图 6-22)。该趋势线与泥岩涂抹系数法相符，因此可用 SSF 定量评价垂向封闭性。对于研究区东二段盖层油气分布采用相同的方式进行散点统计，该结果与分布规律相似，但趋势线存在一定差异，东二段趋势线具有断距且斜率相对较陡，该差异的存在与两套盖层性质不同有关，东二段盖层埋深较浅，其所受温度与围压等地质条件与沙一中亚段盖层均有差异，在遭到断层破坏时属脆性变形，应采用断接厚度对其垂向封闭性进行评价(图 6-23)。

采用泥岩涂抹系数和断接厚度对大张坨断裂沙一下亚段及东营组垂向封闭性进行评价，可确定沙一下亚段及东营组断裂垂向渗漏段，油气沿着断裂垂向渗漏段调整至浅层聚集成藏，致使深层圈闭内部的油气未能够满圈含油，为断块圈闭内部油气纵向分布做出合理解释(图 6-24)。利用前文所建立的封闭性评价方法对板桥地区沙一中亚段断层垂向封闭性进行评价，明确主力含油层位控圈断裂封闭性平面分布评价(图 6-25)。

六、综合地质评价

(一)成藏富集条件

板桥地区为下生上储的源内成藏，生烃灶位于复杂断裂带正下方，以油气源断裂的垂向运移为主要输导体系，其中规模较大，对油气垂向输导起关键作用的油气源断裂主要有 4 条，自南向北分别是港东断裂、滨海断裂、大张坨断裂和长芦断裂(图 6-26)。主要的盖层有两套，分别是沙一上中亚段和东营组，油气在沿油气源断裂垂向运移过程中，

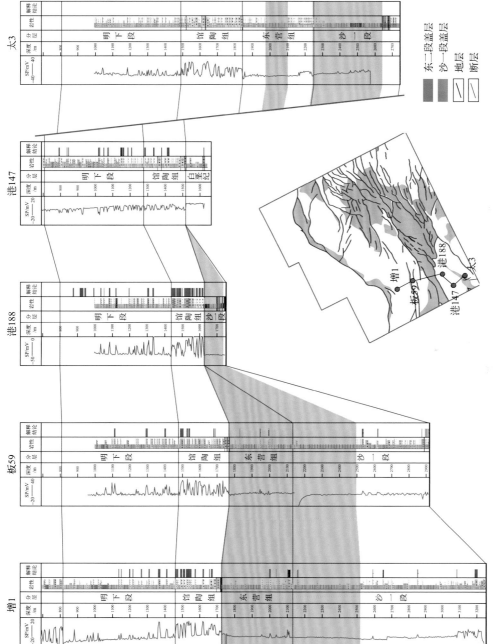

图6-20 板桥地区盖层纵向分布规律

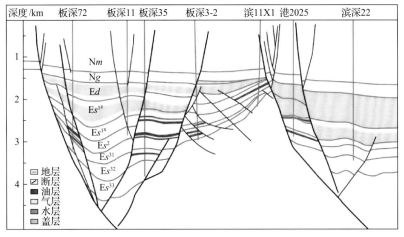

图 6-21　板桥地区典型油藏剖面

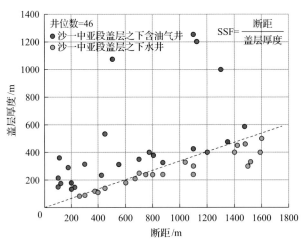

图 6-22　板桥地区沙一段油气富集规律与断距–盖层厚度的关系

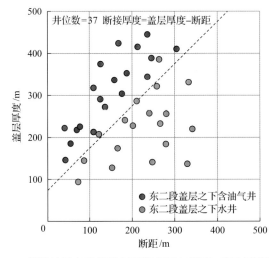

图 6-23　板桥地区东营组油气富集规律与断距–盖层厚度的关系

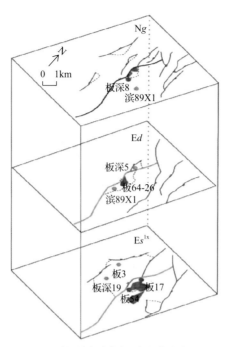

(a) 断层空间分布与油气富集关系

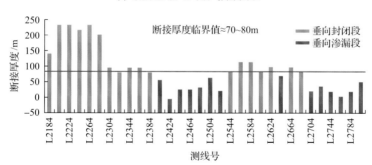

(b) 大张坨断裂东营组层位断接厚度

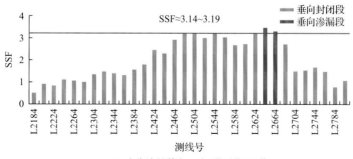

(c) 大张坨断裂沙一下亚段层位SSF值

水层　调整断裂　聚集断裂　圈闭范围　油层　含油面积

图6-24　大张坨断裂垂向封闭性评价

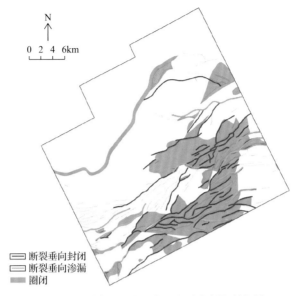

图 6-25　板桥地区沙一中亚段垂向封闭性评价

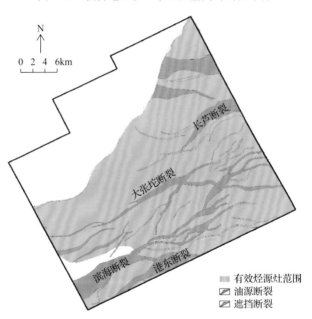

图 6-26　板桥地区有效烃源灶及油源断裂分布图

首先在盖层之下的沙河街组的有利储集层中聚集形成油气藏。由于断裂的长期持续活动，在盖层较薄、断裂活动强度较大的区域，盖层被断裂破坏，早期形成的油气藏穿过盖层向上部馆陶组和明化镇组调整（图 6-27）。

因此，在板桥地区，油气源断裂的垂向输导是油气成藏的关键因素，断裂优势运移通道控制着油气垂向运移路径，而断裂与盖层的配置关系决定着油气的富集层位。优势运移通道附近、断裂-盖层配置有利的有效圈闭为油气有利聚集区。

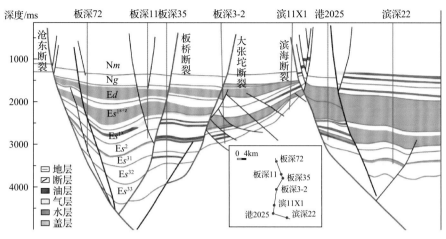

图 6-27　板桥地区断裂带油气藏剖面

(二)综合地质评价

在以上断裂控藏条件详细研究的基础上，建立了板桥地区有利区带优选的原则 (表 6-2)，主要考虑断块圈闭的有效性、油气源断裂的垂向优势运移通道类型、距离优势运移通道的远近、断裂侧向封闭能力以及不同力学性质盖层的垂向封闭能力，通过前面的定量分析，建立了各类控制因素三类等级有利区带划分的临界条件。

表 6-2　板桥地区有利区带优选原则

参数	评价分级		Ⅰ类区带	Ⅱ类区带	Ⅲ类区带
圈闭类型、规模及有效性	主要圈闭类型		断块圈闭	断裂-岩性	岩性为主
	圈闭面积/km²		>20	10~20	0~10
	圈闭有效性		>200	100~200	50~100
运移条件	垂向优势运移通道类型		Ⅰ类	Ⅱ类	其他
	距离优势运移通道远近/km		0~5	5~10	>10
保存条件	断层侧向封闭能力(SGR)		>25%	20%~25%	18.3%~20%
	盖层垂向封闭能力	脆性盖层(FJT)/m	>80m	70~80m	<70m
		脆韧性盖层(SSF)	<3.14	3.15~3.19	>3.19

根据以上有利区带优选原则，对板桥地区进行有利区带优选，并在此基础上进一步优选出一个有利目标圈闭，对其各方面成藏条件进行精细评价。优选的有利区带位于大张坨断裂的南部，面积 64km²，在大张坨断裂和滨海断裂夹持的地垒凸起上，构造条件较好，附近的大张坨断裂和滨海断裂均为主干油气源断裂，供油气条件优越，内部发育多个断块圈闭，以交叉断块圈闭为主(图 6-28)。目前钻探程度较低，属于风险勘探区带，但从整体石油地质条件来看，各方面成藏条件均较为优越。针对区带内具体的圈闭，进

行各成藏条件的具体精细评价。

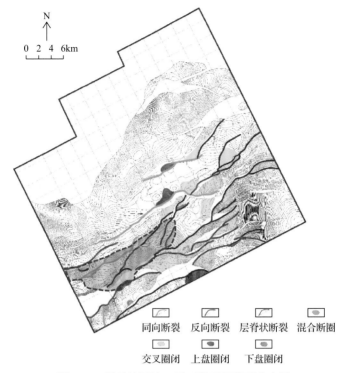

图 6-28 板桥地区沙一下亚段圈闭类型分布图

根据以上有利区带优选原则，对板桥地区沙一段进行了有利区带的优选，并在此基础上进一步优选出一个有利目标圈闭，如图 6-29 所示，该圈闭为交叉断块圈闭，受 F1

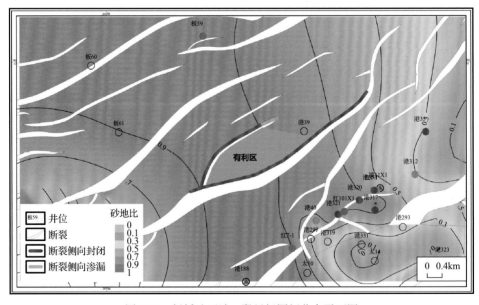

图 6-29 板桥地区沙一段目标圈闭分布平面图

和 F2 两条断裂夹持，通过十字地震剖面对圈闭的构造形态进行构造确认(图 6-30)，从北西—南东向剖面上看该圈闭受 F1 和 F2 两条断裂夹持，形成同向断阶型断块圈闭，从北东—南西向剖面上看，属于微幅度背斜圈闭。

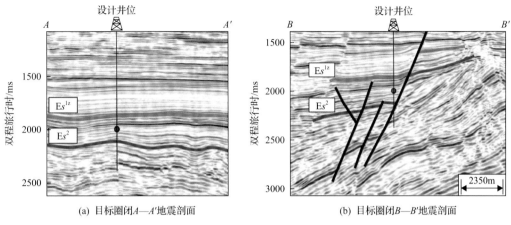

图 6-30　板桥地区沙一段目标圈闭地震剖面图

下面重点对该目标圈闭的盖层发育情况及断裂-盖层配置关系、垂向封闭油气条件、油源断裂输导条件及断裂侧向封闭条件进行解剖分析。

通过典型联井剖面盖层分布可以看出(图 6-31)，板桥地区主要发育沙一段和东营组两套盖层，不同构造带的盖层厚度有一定的差异性，厚度一般在 0～300m。不同的构造单元，由于断裂活动强度的影响，油气的保存与垂向调整并不直接取决于盖层的厚度，而是受断裂和盖层的配置关系控制，断裂对不同脆韧性的盖层破坏机理有着较大差异，导致断裂与盖层组合后垂向破坏盖层的能力不同，因此，在评价调整断裂对盖层的破坏及其垂向调整油气能力时，要针对不同脆韧性盖层采取不同的评价方法。对于韧性断裂，其垂向上一般是封闭的，因此，一般只需要评价脆性阶段和脆-韧性阶段。

对于脆-韧性盖层，一般应用 Lindsay 等提出的泥岩涂抹因子(SSF)来评价泥质岩盖层被断裂破坏的程度，即

$$SSF=T/MT \tag{6-3}$$

式中，MT 为盖层厚度；T 为断层断距。

板桥地区主要受沙一段盖层影响，经过沙一段盖层样品的岩石力学测试，沙一段盖层属于脆-韧性盖层，通过 SSF 方法可以对盖层垂向封闭能力进行定量评价。以大张坨断裂为典型代表，对其周围油气藏的 SSF 定量评价后表明，当 SSF＞3.14 时，油气发生垂向渗漏，而当 SSF＜3.14 时，油气主要在盖层之下富集(图 6-32)。

根据盖层垂向封闭的判别标准，对目标圈闭沙一段盖层 SSF 进行计算(图 6-33)，断块圈闭内垂向封闭临界 SSF 普遍低于 1.4，油气主要富集在区域盖层之下，小于板桥地区的渗漏临界值，垂向封闭，盖层之下的沙二段、沙一下亚段为有利层位。根据有利区带优选原则(表 6-2)，目标圈闭属于 I 类区带。

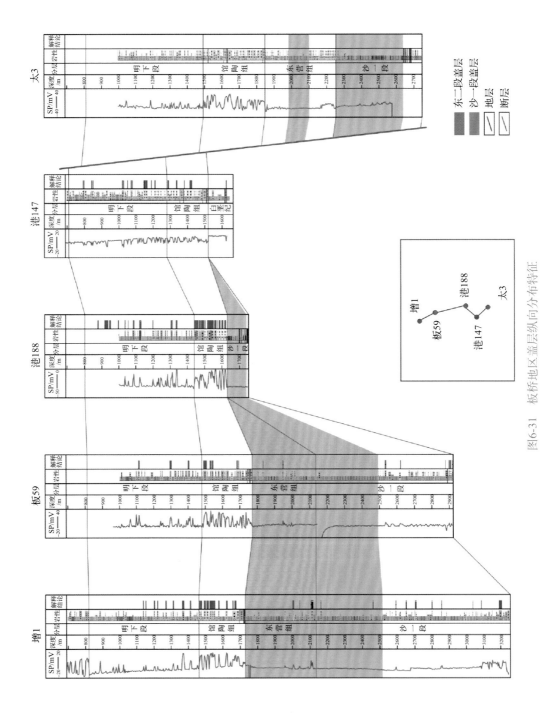

图6-31 板桥地区盖层纵向分布特征

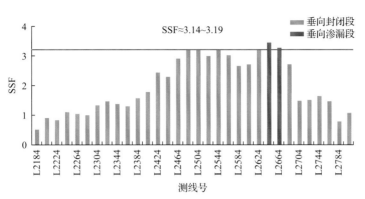

图 6-32　板桥地区大张坨断裂沙一段盖层 SSF

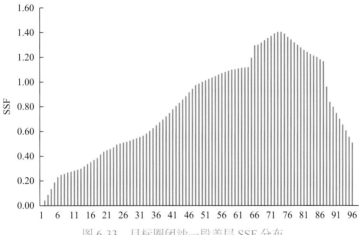

图 6-33　目标圈闭沙一段盖层 SSF 分布

与目标圈闭相邻较近，对其油气来源有重要贡献的油气源断裂是大张坨断裂，根据前面板桥地区主干油气源断裂优势运移通道的评价结果（图 6-15），目标圈闭位于大张坨断裂优势通道西南侧（图 6-34），供油条件较好，距离小于 5km，根据有利区带优选原则（表 6-2），目标圈闭属于 I 类区带。

目标圈闭受 F1 和 F2 两条断裂夹持，而南侧的 F1 断裂是最主要的控圈断裂，其侧向封闭能力决定圈闭是否能聚集油气以及油气的富集程度。下面对 F1 断裂的侧向封闭能力进行定量评价。

根据 F1 断裂断面 SGR 评价结果（图 6-35），整条断裂断面 SGR 普遍大于 60%，只在局部位置存在小于 20% 的渗漏区。在控圈范围的目的层段（沙一下亚段和沙二段），SGR 均大于 60%，断裂侧向封闭能力较强，根据有利区带优选原则（表 6-2），目标圈闭属于 I 类区带。

综合圈闭条件、盖层垂向封闭能力、油气源断裂优势运移通道供烃条件和断裂侧向封闭能力的定量评价，目标圈闭各方面成藏条件均较为优越，属于 I 类目标区。

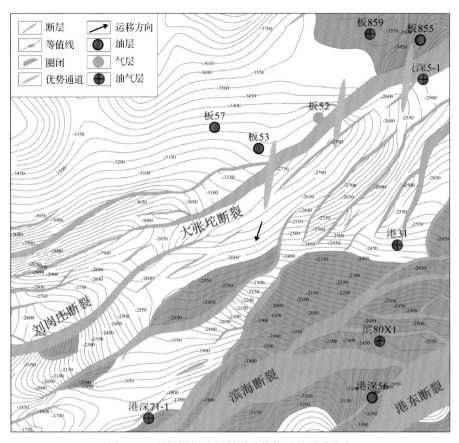

图 6-34　目标圈闭油源断裂及优势运移通道分布

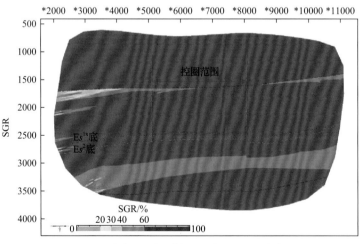

图 6-35　南侧 F1 断裂控圈段断面 SGR 分布图

参 考 文 献

付广, 杨敬博. 2013. 断盖配置对沿断裂运移油气的封闭作用: 以南堡凹陷中浅层为例[J]. 地球科学(中国地质大学学报), 38(4): 783-791.

付晓飞, 王勇, 栗永红, 等. 2011. 被动裂陷盆地油气分布规律及主控因素分析——以塔木察格盆地塔南拗陷为例[J]. 地质科学, 46(4): 1119-1131.

付晓飞, 郭雪, 朱丽旭, 等. 2012. 泥岩涂抹形成演化与油气运移及封闭[J]. 中国矿业大学学报, 41(1): 52-63.

付晓飞, 尚小钰, 孟令东. 2013. 低孔隙岩石中断裂带内部结构及与油气成藏[J]. 中南大学学报(自然科学版), (6): 2428-2438.

付晓飞, 肖建华, 孟令东. 2014. 断裂在纯净砂岩中的变形机制及断裂带内部结构[J]. 吉林大学学报(地球科学版), (1): 25-37.

付晓飞, 贾茹, 王海学, 等. 2015a. 断层-盖层封闭性定量评价——以塔里木盆地库车坳陷大北-克拉苏构造带为例[J]. 石油勘探与开发, 42(3): 300-309.

付晓飞, 孙兵, 王海学, 等. 2015b. 断层分段生长定量表征及在油气成藏研究中的应用[J]. 中国矿业大学学报, 44(2): 271-281.

郭志强, 王海学, 赵政权, 等. 2017. 同向和反向断层形成机制及控圈作用差异性[J]. 大庆石油地质与开发, 36(3): 1-6.

李娟, 陈红汉, 张光亚, 等. 2018. Muglad 盆地凯康坳陷生长断层活动定量分析及对油气成藏的控制[J]. 地学前缘, (2):51-61.

刘峻桥, 王海学, 吕延防, 等. 2018. 源外斜坡区顺向和反向断裂控藏差异性——以渤海湾盆地冀中坳陷文安斜坡中南部为例[J]. 石油勘探与开发, (1): 82-92.

吕延防, 付广, 高大岭, 等. 1996. 油气藏封盖研究[M]. 北京: 石油工业出版社.

吕延防, 万军, 沙子萱, 等. 2008. 被断裂破坏的盖层封闭能力评价方法及其应用[J]. 地质科学, 43(1): 162-174.

漆家福, 杨桥. 2012. 陆内裂陷盆地构造动力学分析[J]. 地学前缘, 19(5): 19-26.

漆家福, 夏义平, 杨桥. 2006. 油区构造解析[M]. 北京: 石油工业出版社.

谯汉生, 牛嘉玉, 王明明. 1999. 中国东部深部层系反向断层遮挡聚油原理与勘探实践[J]. 石油勘探与开发, (6): 10-13.

郗莹, 付晓飞, 孟令东, 等. 2014. 碳酸盐岩内断裂带结构及其与油气成藏[J]. 吉林大学学报(地球科学版), (3): 749-761.

任建业, 廖前进, 卢刚臣, 等. 2010. 黄骅坳陷构造变形格局与演化过程分析[J].大地构造与成矿学, 34(4): 461-472.

史集建. 2012. 歧口凹陷盖层及其后期破坏对油气分布的控制作用研究[D]. 大庆: 东北石油大学.

孙永河, 赵博, 董月霞, 等. 2013. 南堡凹陷断裂对油气运聚成藏的控制作用[J]. 石油与天然气地质, 34(4): 540-549.

童晓光, 牛嘉玉. 1989. 区域盖层在油气聚集中的作用[J]. 石油勘探与开发, (4): 1-8.

王海学. 2012. 海塔盆地中部断陷带转换带形成演化及其控藏机理[D]. 大庆: 东北石油大学.

韦丹宁, 付广. 2016. 反向断裂下盘较顺向断裂上盘更易富集油气机理的定量解释[J]. 吉林大学学报(地球科学版), 46(3): 702-710.

徐杰, 计凤桔. 2015. 渤海湾盆地构造及其演化[M]. 北京: 地震出版社.

张永波, 高宁慧, 马世忠, 等. 2012. 反向正断层在松辽盆地南部油气聚集中的作用[J]. 西南石油大学学报(自然科学版), 34(5): 59-64.

赵贤正, 金凤鸣, 李玉帮, 等. 2016. 断陷盆地斜坡带类型与油气运聚成藏机制[J].石油勘探与开发, 43(6): 841-849.

周建勋, 漆家福. 1999. 盆地构造研究中的砂箱模拟实验方法[M]. 北京: 地震出版社.

周立宏, 卢异, 肖敦清, 等. 2011. 渤海湾盆地歧口凹陷盆地结构构造及演化[J]. 天然气地球科学, 22(3): 373-382.

Allan U S. 1989. Model for hydrocarbon migration and entrapment within faulted structures[J]. AAPG Bulletin, 73(7): 803-811.

Antonellini M, Aydin A. 1994. Effect of faulting on fluid flow in porous sandstones: Petrophysical properties[J]. AAPG Bulletin,

78(3):355-377.

Bellahsen N, Daniel J M. 2005. Fault reactivation control on normal fault growth: An experimental study[J]. Journal of Structural Geology, 27(4): 769-780.

Bretan P, Yielding G, Jones H. 2003. Using calibrated shale gouge ratio to estimate hydrocarbon column heights[J]. AAPG Bulletin, 87(3): 397-413.

Caine J S, Evans J P, Forster C B. 1996. Fault zone architecture and permeability structure[J]. Geology, 24(11): 1025.

Chester F M, Logan J M. 1986. Implications for mechanical properties of brittle faults from observations of the Punchbowl fault zone, California[J]. Pure and Applied Geophysics, 124(1-2): 79-106.

Clapp F G. 1910. A proposed classification of petroleum and natural gas fields based on structure[J]. Economic Geology, 5(6): 503-521.

Clapp F G. 1929. Role of geologic structure in the accumulation of petroleum[J]. Journal of Dental Research, 48(6): 1216-1218.

Clausen O R, Korstgård J A. 1996. Planar detaching faults in the southern Horn Graben, Danish North sea[J]. Marine and Petroleum Geology, 13(5): 537-548.

Cloos H. 1931. Zur experimentellen Tektonik[J]. Naturwissen-Schaften, 19(11): 242-247.

Cuisiat F, Skurtveit E. 2010. An experimental investigation of the development and permeability of clay smears along faults in uncemented sediments[J]. Journal of Structural Geology, 32(11): 1850-1863.

Destro N. 1995. Release fault: A variety of cross fault in linked extensional fault systems, in the Sergipe-Alagoas Basin, NE Brazil[J]. Journal of Structural Geology, 17(5): 615-629.

Doughty P T. 2003. Clay smear seals and fault sealing potential of an exhumed growth fault, Rio Grande rift, New Mexico[J]. AAPG Bulletin, 87(3): 427-444.

Duffy O B, Gawthorpe R L, Docherty M, et al. 2013. Mobile evaporite controls on the structural style and evolution of rift basins: Danish Central Graben, North Sea[J]. Basin Research, 25(3): 310-330.

Evans J P, Forster C B, Goddard J V. 1997. Permeability of fault-related rocks, and implications for hydraulic structure of fault zones[J]. Journal of Structural Geology, 19(11): 1393-1404.

Færseth R B, Gabrielsen R H, Hurich C A. 1995. Influence of basement in structuring of the North Sea basin, offshore southwest Norway[J]. Norsk Geologisk Tidsskrift, 75: 105-119.

Færseth R B, Knudsen B-E, Liljedahl T, et al. 1997. Oblique rifting and sequential faulting in the Jurassic development of the northern North Sea[J]. Journal of Structural Geology, 19(10): 1285-1302.

Fisher Q J, Knipe R J. 2001. The permeability of faults within siliciclastic petroleum reservoirs of the North Sea and Norwegian Continental Shelf[J]. Marine and Petroleum Geology, 18(10): 1063-1081.

Fossen H. 2010. Extensional tectonics in the North Atlantic Caledonides: A regional view[J]. Geological Society London Special Publications, 335(1): 767-793.

Fu G, Yang J B. 2013. Sealing of matching between fault and caprock to oil-gas migration along faults: An example from middle and shallow strata in Nanpu Depression[J]. Earth Science-Journal of China University of Geosciences, 38(4): 783-791.

Fu X F, Wang Y, Qu Y H, et al. 2011. The law of oil and gas distribution and mainly controlling factors of the passive rift basin:The Tanan depression of Tamuchage Basin[J].Chinese Journal of Geology, 46(4): 1119-1131.

Fu X F, Guo X, Zhu L X, et al. 2012. Formation and evolution of clay smear and hydrocarbon migration and sealing[J]. Journal of China University of Mining and Technology, 41(1): 52-63.

Fu X F, Jia R, Wang H X, et al. 2015a. Quantitative evaluation of fault-caprock sealing capacity: A case from Dabei-Kelasu structural belt in Kuqa Depression, Tarim Basin[J]. Petroleum Exploration and Development, 42(3): 300-309.

Fu X F, Sun B, Wang H X,et al. 2015b. Fault segmentation growth quantitative characterization and its application on sag hydrocarbon accumulation research[J].Journal of China University of Mining and Technology, 44(2): 271-281.

Gartrell A, Bailey W R, Brincat M. 2006. A new model for assessing trap integrity and oil preservation risks associated with postrift fault reactivation in the Timor Sea[J]. AAPG Bulletin, 90(12): 1921-1944.

Gibson R. 1998. Physical character and fluid-flow properties of sandstone-derived fault zones[J]. Geological Society of London Special Publications, 127 (1): 83-97.

Guo Z Q, Wang H X, Zhao Q Z, et al. 2017. Forming mechanism of the synthetic and antithetic fualts and differences of their controlling action on the traps[J]. Petroleum Geology and Development in Daqing, 36 (3):1-6.

Henza A A, Withjack M O, Schlische R W. 2011. How do the properties of a preexisting normal-fault population influence fault development during a subsequent phase of extension[J]. Journal of Structural Geology, 33: 1312-1324.

Hubbert M K. 1953. Entrapment of petroleum under hydrodynamic conditions[J]. AAPG Bulletin, 37 (8): 1954-2026.

Hunt T S. 1861. On some points in American geology[J]. American Journal of Science, (93): 392-414.

Jackson C A L, Rotevatn A. 2013. Erratum to "3D seismic analysis of the structure and evolution of a salt-influenced normal fault zone: A test of competing fault growth models"[J]. Journal of Structural Geology, 56: 172.

Jackson C A-L, Larsen E. 2009. Temporal and spatial development of a gravitydriven normal fault array: MiddleeUpper Jurassic, South Viking Graben, northern North Sea[J]. Journal of Structural Geology, 31: 388-402.

Jiao H S, Niu J Y, Wang M M. 1999. The principle and exploration practice of hydrocarbon accumulation sealed by backward faults in deep formation of eastern China[J]. Petroleum Exploration and Development, (6): 10-13.

Krantz R W. 1988. Multiple fault sets and three-dimensional strain: Theory and application[J]. Journal of Structural Geology, 10: 225-237.

Langhi L, Zhang Y, Gartrell1 A, et al. 2010. Evaluating hydrocarbon trap integrity during fault reactivation using geomechanical three-dimensional modeling: An example from the Timor Sea, Australia[J]. AAPG Bulletin, 94 (4): 567-591.

Leverett M, Lewis W B. 1941. Steady flow of gas-oil-water mixtures through unconsolidated sands[J]. Transactions of the AIME, 142 (1): 107-116.

Li J, Chen H H, Zhang G Y, et al. 2018. Quantitative study on growth faults activity and its controlling on hydrocarbon accumulation in the Kaikang Sag, Muglad Basin[J]. Earth Science Frontiers, (2): 51-61.

Lindsay N G, Murphy F C, Walsh J J, et al. 1993. Outcrop studies of shale smears on fault surfaces[C]//Flint S S, Bryant I D. The Geological Modelling of Hydrocarbon Reservoirs and Outcrop Analogues. Hoboken: Wiley On line Library: 113-123.

Liu J Q, Wang H X, Lv Y F,et al. 2018. Reservoir controlling differences between consequent faults and antithetic faults in slope area outside of source: A case study of the south-central Wenan slope of Jizhong Depression, Bohai Bay Basin, NE China[J]. Petroleum Exploration and Development, (1): 82-92.

Liu K, Eadington P. 2003. A new method for identifying secondary oil migration pathways[J]. Journal of Geochemical Exploration, 78 (3): 389-394.

Liu K, Eadiinton P, Middleton H, et al. 2007. Applying quantitative fluorescence techniques to investigate petroleum charge history of sedimentary basins in Australia and Papuan New Guinea[J]. Journal of Petroleum Science and Engineering, 57 (1): 139-151.

Lv Y F, Fu G, Gao D L, et al., 1996. Study on the Cap Rock of Reservoir[M]. Beijing: Petroleum Industry Press.

Lv Y F, Wan J, Sha Z X, et al. 2008. Evaluation method for seal ability of cap rock destructed byfaulting and its application[J]. Chinese Journal of Geology, 43 (1): 162-174.

Maerten L, Gillespie P, Pollard D D. 2002. Effects of local stress perturbation on secondary fault development[J]. Journal of Structural Geology, 24: 145-153.

Morley C K, Haranya C, Phoosongsee W, et al. 2004. Activation of rift oblique and rift parallel pre-existing fabrics during extension and their effect on deformation style: Examples from the rifts of Thailand[J]. Journal of Structural Geology, 26: 1803-1829.

Muskat M. 1949. Physical Principles of Oil Production[M]. New York: McGraw Hill.

Peacock D C P. 1991. A comparison between the displacement geometries of veins and normal faults at Kilve, Somerset[J]. Proceedings of The Ussher Society, 7 (4): 363-367.

Peng J S, Wei A J, Sun Z, et al. 2018. Sinistral strike slip of the Zhangjiakou-Penglai Fault and its control on hydrocarbon accumulation in the northeast of Shaleitian Bulge, Bohai Bay Basin, East China[J]. Petroleum Exploration and Development, 45 (2): 215-226.

Qi J F, Xia Y Q, Yang Q. 2006. Structural Analysis of Oil Area[M]. Beijing: Petroleum Industry Press.

Reches Z E, 1978. Analysis of faulting in three-dimensional strain field[J]. Tectonophysics, 47: 109-129.

Reeve M T , Bell R E , Duffy O B , et al. 2015. The growth of non-colinear normal fault systems; What can we learn from 3D seismic reflection data[J]. Journal of Structural Geology, 70(13): 141-155.

Shi J J. 2012. Control function of caprock and its post-destruction on oil and gas distribution in Qikou sag[D]. Daqing: Northeast Petroleum University.

Sibson R H. 1977. Fault rocks and fault mechanisms[J]. Journal of the Geological Society, 133(3): 191-213.

Smith D A. 1966. Theoretical considerations of sealing and non-sealing faults[J]. AAPG Bulletin, 50(2): 363-374.

Stewart S. 2001. Displacement distributions on extensional faults: Implications for fault stretch, linkage, and seal[J]. AAPG Bulletin, 85: 587-600.

Sun Y H, Zhao B, Dong Y X , et al. 2013. Control of faults on hydrocarbon migration and accumulation in the Nanpu Sag[J]. Oil and Gas Geology, 34(4):540-549.

Tong X G, Niu J Y. 1989. Effects of regional cap formation on oil and gas accumulation[J]. Petroleum Exploration and Development, (4): 1-8.

Wang H X. 2012.The formation,evolution and reservoir-controlling mechanism of relay zone in the Middle rifting zone of Hai Ta basin[D]. Daqing: Northeast Petroleum University.

Watts N L. 1987. Theoretical aspects of cap-rock and fault seals for single- and two-phase hydrocarbon columns[J]. Marine and Petroleum Geology, 4(4): 274-307.

Weeks L G. 1949. Highlights on 1947 developments in foreign petroleum fields[J]. AAPG Bulletin American Association of Petroleum Geologists, 32(6): 1093-1160.

Yielding G, Freeman B, Needham D T. 1997. Quantitative fault seal prediction[J]. AAPG Bulletin, 81(6): 897-917.

Zhang Y B, Gao Y H, Ma S Z, et al. 2012. Function of oil and gas accumulation and formation mechanism of antithetic normal faults in the south of Songliao Basin[J]. Journal of Southwest Petroleum University (Science and Technology edition), 34(5): 59-64.

Zhao X Z, Jin F M, Li Y B, et al. 2016. Slope belt types and hydrocarbon migration and accumulation mechanisms in rift basins[J]. Petroleum Exploration and Development, 43(6): 841-849.

Zhou L H, Lu Y, Xiao D Q, et al. 2011. Basinal texture structure of Qikou sag in Bohai Bay Basin and its evolution[J]. Natural Gas Geoscience, 22(3): 373-382.